KB169739

엄마가 되고
내면아이를
만났다

엄마가 되고
내면아이를
만났다

안정희 지음

육아가 힘든 이유는
'지금, 여기'에 있지 않습니다

아이가 울고 있는데 저는 왜 화가 나는 걸까요? 아이의 감정
을 들어주고 공감해줘야 하는 건 잘 알겠는데, 그렇게 하고 싶
지 않아요. 이런 저 나쁜 엄마인가요?

요즘은 무료로 제공되는 부모교육도 많고, 조금만 관심을 기울
이면 양육과 관련한 양질의 정보를 언제 어디서든 쉽게 구할 수 있
다. 그래서 요즘 엄마들은 양육에서만큼은 이미 반전문가다. 몰라
서 못하는 게 아니라는 말이다. 까놓고 말해서 하고 싶지 않다. 아
이가 그냥 밉다. 이처럼 머리로 아는 것과 가슴이 시키는 게 달라
서 혼란스럽다. 나쁜 엄마인 것 같아서 견딜 수가 없다. '차라리 낳
지 않았더라면 좋았을걸……'이라는 후회까지도 밀려든다. 가능하

다면 '엄마 사표'를 내고 싶다. 그런데 어디에 내야 하는 거지?

일단 사표를 내기 전에 곰곰이 문제를 짚어볼 필요가 있다. 이것은 어쩌면 능력의 문제가 아닐 수도 있다.

올해로 부모들을 만나서 교육과 상담을 한 지 15년 차에 접어든다. 그동안 수만 명의 부모를 만나 울고 웃으면서 그들의 이야기와 함께했다. 만약 책으로 엮는다면 아마도 책꽂이 하나는 거뜬히 채울 수 있을 것 같다. 장르는 로맨스부터 스릴러까지 다양하다. 이야기의 주인공도, 겪은 사연도 전부 다르지만, 이들의 이야기는 묘하게 서로 닮았다. 이들의 고민을 파고들어가면 어른스럽지 못한 행동, 또는 상황에 맞지 않은 생각과 감정이 자리 잡고 있다. '이 안에 너 있다'가 아니라 '엄마 안에 어린아이 있다'가 아마 맞는 말일 듯하다.

상처받은 엄마들의 이야기

"엄마는 이것도 몰라?"

숙제를 봐주던 중 초등학교 3학년 딸이 엄마를 쳐다보며 던진 말이다. 딸의 이 한마디에 태연 씨의 심장이 툭 떨어진다. 그녀는 아이에게 대답하는 대신 얼굴이 빨개진다. 패배감이 온몸을 휘감는다. 실추된 권위도 권위이지만, 마냥 위축되어버린 것이다. 어느새 딸의 숙제 봐주기는 그녀의 감정에 밀려 뒷전이 되었다.

승희 씨도 마찬가지다. 그녀의 아들은 초등학교 6학년이다. 얼마 전 친구들과 장난을 치던 중 아들이 여자아이를 장난스럽게 때렸는데 하필 엉덩이를 건드렸다. 이후 불쾌감을 느낀 여자아이가 성추행으로 신고했고, 학교폭력 대책 심의위원회가 열렸다. 아들에게는 하루아침에 가해자라는 딱지가 붙었다. 매사 예민하고 신중한 그녀의 아들은 이후 우울감을 호소하고 급기야 등교를 거부하고 있다. 온종일 방에만 틀어박힌 채 아무것도 하지 않는다.

"내 인생은 끝났어. 난 이제 뭘 해도 안될 거야."

이 말을 들을 때마다 승희 씨는 심장이 끊어지는 것 같다.

"우리 아들 어쩌죠? 정말 우리 아들이 여기서 끝나면 어떻게 하나요? 무슨 방법이 없을까요?"

그녀의 눈물이 쉴 새 없이 볼을 타고 흘러내렸다.

아이를 키우다 보면 하루도 바람 잘 날이 없다. 소리 없는 전쟁처럼 이런저런 잔상을 입는다. 문제는 입지 않아도 되는 상처까지 떠안는다는 점이다. 총알을 피해가는 게 아니라 오히려 총알을 향해 달려가는 모양새다.

양육은 아이가 독립적으로 살아갈 수 있도록 발달에 적합한 자극과 도움을 주는 과정이다. 엄마는 아이가 성장 중에 겪는 문제를 지혜롭고 현명하게 풀어가도록 도와야 한다. 그러기 위해서는 적어도 아이의 문제를 객관적으로 바라봐야 한다. 하지만 지금 태연 씨와 승희 씨는 차분하게 문제에 대응하지 못하고 있다. 비단 이들뿐만 아니다. 많은 엄마가 아이 문제 앞에서 마치 공기 빠진 바람 인형처럼 무너진다.

엄마가 어른이라면

먼저 태연 씨의 이야기로 돌아가 살펴보자. 어떤 엄마라도 '그것도 모르냐'는 아이의 말이 달가울 리는 없다. 하지만 이 말은 초등학교 3학년 아이라면 충분히 할 만한 수준의 말이다. 엄마는 그저 담담하게 아이에게 대답해주면 그만이다. "엄마가 이건 잘 모르겠네. 배운 지 너무 오래돼서 까먹었어." 모른다는 건 창피한 일이 아니다. 신이 아닌 이상 모든 걸 다 알 수는 없는 노릇이다. 모르는 걸 알아가는 게 중요하다. 모르는 데도 불구하고 알려 하지 않는 것이야말로 창피한 일이다. 엄마의 이런 태도는 아이에게 배우는 것 자체에 대한 호기심을 불러일으킨다. 또는 "네가 엄마한테 가르쳐줄래?"라고 한다면 어떨까? 아이는 엄마에게 자신이 알고 있는 것을 알려주면서 자신의 지식을 재점검한다. 이때 뿌듯함을 느끼는 것은 덤이다.

이번에는 승희 씨의 경우를 보자. 상처 하나 없는 삶은 불가능하다. 우리는 엄마의 자궁에서 쫓겨난 그 순간부터 상처받는다. 성장이라는 것 자체가 어쩌면 상처받는 과정이다. 상처를 통해 단단해짐은 물론이고 성숙해진다. 우리 아이도 예외는 아니다. 이때는 상처받고 좌절한 아이의 마음을 어루만져주는 게 우선이다. 예기치 않은 상황에서는 누구나 세상이 끝날 것 같은 기분을 느낄 수 있다는 걸 말해줘야 한다. 경험 그 자체보다는 경험으로부터 무엇을 배우는지가 중요하다. 그리고 이런 말을 해주는 엄마는 차분하고 이성적이어야 한다. 그렇다면 태연 씨와 승희 씨는 왜 차분하고 이성적인 대응이 이토록 어려울까? 비단 태연 씨와 승희 씨뿐만 아니라 많은 엄마가 이런 경우 무지와 무능을 탓하며 자신을 할퀸다. 하지만 답은 엄마의 무지와 무능이 아니라 오래된 상처에 있다.

엄마 안의 오래된 상처

태연 씨는 고졸이다. 어릴 때부터 늘 형제들과 비교당하면서 살아왔다. 결국에는 그녀보다 공부를 잘했던 오빠에게 밀려 대학 문턱을 넘지 못했다. 어릴 때부터 '그것도 모르냐'는 엄마의 말을 귀에 박히도록 들었다. 평생을 무식하다는 꼬리표를 달고 주눅 들어 살아왔다. 사실 어린 태연에게 간절했던 것은 "괜찮아, 나아질 거야. 넌 충분히 해낼 수 있어"라는 부모의 지지와 격려였다. 태연 씨의 내면 깊숙한 곳에는 '나는 무능력하다'라는 신념이 뿌리박혀 있다. 그녀는 어른이 된 지금까지도 열등감과 싸우고 있다. 열등감이 건드려지는 순간, 마흔넷의 태연 씨가 아닌 아홉 살의 어린 태연이 발끈한다. 그녀는 딸에게만큼은 이 상처를 대물림하고 싶지 않다. 태연 씨가 생활비의 절반 이상을 딸의 학원비에 투자하는 이유다.

승희 씨는 시나리오 작가 같다. 자기 이야기를 파국적으로 써내려가는 능력이 탁월하다. '난 뭘 해도 안 돼!', '세상에서 마음대로 되는 건 아무것도 없어.' 또는 '상황은 더 나빠질 거야.' 그녀가 밥 먹듯이 하는 생각들이다. 이런 생각들과 함께 늘 불안과 염려를 안고 살아간다. 사소한 일이 터져도 확대 해석을 하고 지레 포기한다. 사실 아들에게 문제가 발생했을 때 그녀가 오히려 더 좌절했다. 아들 앞에서 연신 "어쩌지?"를 반복하면서 울기만 했다.

승희 씨의 몸속 깊은 곳에는 버려졌다는 상처와 불안감이 존재한다. 그녀에게는 연년생 동생이 있다. 동생이 태어나자마자 어린 승희는 고모에게 맡겨져서 길러졌다. 몸이 유난히 약한 엄마가 홀로 두 아이를 돌보기는 힘들었기 때문이다. 어린 승희에게 하루아침에 달라진 환경은 위협적으로 다가왔다. 하지만 자신이 어찌해볼 수 있는 건 아무것도 없었다. 들이닥친 상황 앞에서 어린 승희는 아주 작고 무력한 존재일 뿐이었다. 그녀의 신념은 '세상은 온통 안전하지 않고 믿을 수 없다'이다. 아들의 문제는 불쏘시개가 되어 그녀의 불안을 마구 들쑤신다. 문제에 대응하기 위해서는 자신 안의 자원을 믿어야 한다. 하지만 문제가 터질 때마다 승희 씨는 갓난아기로 되돌아간다. 그녀에게 가장 필요한 것은 세상이 안전하다는 사실과 자신이 충분히 사랑받고 있다는 확인이다.

엄마 안의 내면아이

누구든 태어난 이상 존재 자체로 그저 존재할 수 있어야 한다. 우리 존재는 무엇이 될 필요도 없으며, 무엇이 아니어도 괜찮다는 메시지가 필요하다. 소나무로 태어났다면 소나무로 자라나야 하며, 감나무로 태어났다면 감나무로 성장할 수 있어야 한다. 따라서 우리는 모두 있는 그대로의 자신을 봐주고 가치 있게 여겨주는 환경에서 자라야만 한다. 아이의 건강한 발달 여부는 본질적 욕구를 얼마나 충족하느냐에 달려 있다. 하지만 슬프게도 완벽한 부모란 세상 어디에도 없다. 어린아이의 생존과 적응을 온전히 책임지는 부모 또한 지극히 취약한 존재에 불과하다. 즉, 그들 나름의 불완전한 방식으로 아이를 키울 수밖에 없다. 문제는 자기가 아니라 다른 모습으로 자라도록 훈련받을수록, 통합적이고 자연스러운 모습으로 성장할 수가 없다는 점이다. 우리 주변에는 불행하게도 소나무도 감나무도 되지 못한 엄마들이 많다. 물론 사람에 따라 상처의 크기나 깊이는 다 다르다. 하지만 우리 안의 상처는 필연이다.

이 책은 엄마의 내면아이에 대한 이야기다. 몸은 어른이지만 마음은 미처 자라지 못한 엄마들의 이야기. 태연 씨와 승희 씨처럼 누구나 성장 과정에서 반드시 받아야 했지만 받지 못한 결핍이 있다. 그리고 받지 말아야 했지만 어쩔 수 없이 받아야 했던 상처가 있다. 심리적 성장이 멈춰 있는 그곳에 우리의 내면아이가 산다. 내면아이는 말 그대로 내면에 갇힌 아이다. 상처 입은 내면아이는 정서적으로 방치되고 고통받았던 우리의 일부다. 하지만 내면 깊은 곳에 숨어 있기에 그 정체를 알기가 어렵다.

엄마라면 내면아이와의 만남은 선택이 아닌 필수다

누구나 자기 안의 자라지 못한 내면아이를 만나는 것은 중요하다. 하지만 엄마라면 내면아이와의 만남은 선택이 아니라 필수다. 양육이란 어린아이를 독립된 인격체로 길러내는 과정이다. 그리고 양육을 하는 주체는 어른이어야 한다. 어린아이가 어린아이를 키우도록 내버려둬서는 안 된다. 태연 씨와 승희 씨의 신념과 감정은 어른인 '지금의 나'가 아니라 내면아이의 소산이다. 엄마의 상처받은 내면아이는 어른이 된 지금도 여전히 우리 안에 남아서 우리의 삶 전반을 간섭한다. 특히 내면아이는 양육의 최전방에 서서 진두지휘하려 든다. 엄마가 이것을 깨닫지 못하는 한 어린아이가 어린아이를 키우도록 방임하는 것과 다름없다.

"대체 저는 왜 이러는 걸까요?"

"그래서 어떻게 해야 하나요?"

강의마다 빠지지 않는 질문들이다. 이 중 간단하게 대답이 가능한 것들도 있지만, 때로는 엄마의 내면을 깊이 들여다봐야 하는 질문도 있다. 그래서 어떤 엄마들은 강의가 끝나고도 집으로 가지 못하고 줄을 서기도 한다. 심지어 엘리베이터까지 따라와 질문 세례를 퍼붓기도 한다. 엄마들에게 붙들려 이야기를 주고받다 보면 안타깝고 아쉬운 적이 한두 번이 아니다. 마치 100미터 달리기를 하는 정도의 시간 안에 마라톤 코스로 달려야 하는 심정이랄까? 어떨 때는 2시간 강의를 마치고 1시간 이상 답변을 하는 때도 있다.

누구나 시간에 구애되지 않고 차분하게 자신을 들여다보도록 도우려면 책이 필요했다. 시중에 내면아이를 다루는 책들은 이미 많다. 하지만 엄마의 내면아이만을 다루는 책은 별로 없다. 더군다나 인간의 발달 과정 전반을 살펴서 한 사람이 자신의 성장 과정을 더 듬어볼 수 있도록 안내한 책은 없다. 이 책에서는 내면아이를 만나는 것부터 시작해서 돌보는 것까지를 다루고 있다. 이 책의 1장부터 3장까지는 내면아이를 만나는 연습을, 4장과 5장은 내면아이를 돌보는 연습을 안내한다. 각 장의 내용을 더욱 구체적으로 살펴보면 다음과 같다.

엄마가 되면서 우리는 낯설고 어색한 자신의 모습을 발견하고 당황하는 일이 잦아진다. 1장에서는 엄마가 된 후 마주친 '진짜 나'에 대해서 알아본다. 특히 엄마의 감정은 어디로 튈지 모르는 탁구공처럼 종잡을 수가 없다. 엄마가 된 이상 우리는 우리 안의 감정을 제대로 이해해야만 한다. 엄마의 감정은 아이의 심리적, 정서적 성장에 직접적인 영향을 미치기 때문이다.

2장에서는 엄마의 성장 과정에서 애착이 어떠했는지를 점검해본다. 우리는 우리가 어린 시절 돌봄을 받았던 방식으로 자신을 돌보는 것은 물론, 같은 방식으로 자녀를 돌본다. 따라서 엄마 자신이 어린 시절 어떤 돌봄을 받았는가는 아주 중요하다. 어린 시절 쌓은 양육자와의 정서적 유대는 어른이 된 지금 경험하는 모든 관계의 뿌리가 되기 때문이다.

3장에서는 우리 안의 내면아이를 만나는 여정을 시작한다. 우리 주변에는 몸은 어른이지만 심리적으로는 여전히 보호자가 필요한 엄마가 많다. 상처받은 내면아이란 특정 발달단계에 고착되어 성장이 멈춰 있는 상태를 가리킨다. 따라서 우리는 의식적으로 기억을 떠올려서 우리의 성장 전반을 돌아볼 필요가 있다. 3장에서는 내면아이를 만나기 위해서 에릭 에릭슨Erik Erikson의 심리 사회적 발달단계를 단계별로 살펴본다. 각각의 발달단계를 자세히 살펴보고, 어느 지점에서 성장이 멈춰 있는지를 깨닫는 것은 중요하다. 어디에서 성장이 멈췄는지를 알아야 그에 맞춰 적절한 자극과 돌봄을 제공할 수 있기 때문이다.

심리 사회적 발달단계와 아울러 3장에서는 제프리 영Jeffrey E. Young이 제시한 인생의 11가지 덫을 함께 탐색해본다. 에릭 에릭슨의 심리 사회적 발달단계와 인생의 덫을 통합적으로 살펴보면, 나의 내면아이가 어디에 머물러 있는지를 찾는 데 좀 더 도움이 된다. 여기에 더해 덫에 대처하는 세 가지 전략도 함께 알아본다. 참고로 3장에서는 각각의 발달단계에 대한 설명 뒤에 '엄마의 기억 노트'를 첨부했다. 엄마의 기억 노트는 내면아이를 만나고 성장시키기 위해 꼭 필요한 도구로 자신의 어린 시절을 떠올려 글로 써보는 것이다. 엄마의 기억 노트를 써나가면서 발달단계마다 어린 시절의 기억을 최대한 많이 떠올려보자. 기억 노트를 꾸준히 채워나가다 보면 여러분 각자의 내면아이를 만날 수 있으리라 믿어 의심치 않는다.

3장에서 심리 사회적 발달단계와 인생의 덫을 통해 자신의 상처를 발견했다면 이제는 치유로 나아갈 단계다. 전혀 어른답지 못한 행동은 대체로 내면아이의 소산이다. 내면아이는 우리의 가치 체계를 만들고 삶의 구석구석에 크고 작은 영향을 미친다. 내면아이의 미숙한 전략은 오랜 세월이 지난 지금까지도 우리의 삶에 영향을 미친다. 4장에서는 내면아이를 돌보기 위한 연습을 시작한다. 먼저 내면아이를 만나 대화를 나누고, 나의 감정과 좀 더 친밀해지는 방법을 소개한다. 나아가 내면아이의 생각과 나를 분리하는 방법도 안내한다. 이름하여 '생각의 경계 세우기'다.

마지막 5장은 각각의 발달단계에서 결핍된 부분을 채우는 방법을 담았다. 다시 말해, 내면아이를 성장시키기 위한 전략을 소개한다. 내면아이의 상처는 엄마마다 다르다. 누군가는 충분히 안전하다는 확인을 받지 못해 불안을 키웠다. 누군가는 유능감 대신 열등감만 수북하게 쌓아서 삶이 버겁다. 그때 그 시절에는 어쩔 수 없었던 일이다. 하지만 이제 어른이 된 이상 우리는 우리 자신을 스스로 돌봐야 한다. 상처에 적절한 연고를 찾아 부드럽게 발라줘야 한다. 벌레에 물린 상처와 넘어져 패인 상처에 바르는 연고는 다르다. 이 장에서는 각각의 단계별 상처에 바르는 '연고'가 종류별로 소개되어 있다고 보면 된다.

4장과 5장에는 생각 노트를 비롯해 다양한 활동지를 첨부했다.

이들을 '엄마의 내면아이 연습장'이라고 부르고자 한다. 내면아이를 만나고 돌보는 일이란 궁극적으로 내면아이 연습장을 빼곡하게 채우는 과정이라 해도 무방하다. 특히 감정 일지를 적는 것은 우리가 겪는 상황을 좀 더 깊고, 넓게 펼쳐 볼 수 있는 작업이다. 감정의 악순환에 빠지지 않고 자신의 내면을 살펴보고 통찰력을 키우는 데 감정 일지 쓰기만큼 좋은 활동은 없다. 이 책에서는 감정 일지를 소개하는 차원에서 한 페이지만 넣었다. 하지만 가능하면 별도의 노트를 준비해서 당신만의 감정 일지로 활용하기를 바란다. 이 책을 읽으면서 그리고 이 책을 다 읽고 나서도 항상 가까이 두고서 꾸준히 기록하기를 바란다.

참고로 이 책에서는 주 양육자를 엄마로 지칭하고 있지만, 이것이 양육의 책임이 전적으로 엄마에게만 있다는 뜻은 아니라는 것을 일러두고 싶다. 아무래도 부모교육 현장에서 아빠보다는 엄마들을 좀 더 많이 만나다 보니 많은 사례가 엄마에게 치중되었음을 고백한다. 하지만 엄마 못지않게 아빠 또한 양육의 공동 책임자임을 잊어서는 안 된다.

이 책에는 강의와 상담에서 만난 60명이 넘는 엄마들이 등장한다. 물론 모두 가명으로 표기했다. 이들의 이야기는 여러분의 이야기이자 나의 이야기이기도 하다. 이 책이 엄마들의 '왜'와 '어떻게'라는 질문에 답이 되기를 바란다. 그리고 궁극에는 이 책을 읽는 엄마들 모두가 자기 안의 소중한 가치를 깨닫기를 소망해본다. 그 가치가 양육 과정뿐 아니라 엄마 자신의 삶을 좀 더 윤택하게 만든다면 저자로서 더 바랄 게 없다. 이 세상을 살아가는 모든 엄마가 조금 더 행복했으면 하는 바람이다.

2023년 6월
안정희

contents

4장
엄마의 내면아이 돌보기

5장
엄마의 내면아이 성장하기

1장

엄마가 된 후
마주한
진짜 나

아이는 엄마의
감정을 먹고 자란다

엄마의 민낯

옥주 씨 이야기

모처럼 가족이 쇼핑을 갔다. 이것저것 고르던 중 옥주 씨는 정말 마음에 드는 옷을 발견했다. 옷을 집어 들고 돌아서는데 옆에 있던 중학교 1학년 아들이 대뜸 "엄만 그런 옷 있는데 또 사요?"라고 말한다. 아들의 이 한마디에 그녀는 갑자기 혈압이 치솟았다. "네가 엄마 옷 어떤 게 있는지 다 알아? 사고 말고는 엄마가 결정하는 거지, 네가 뭔데 이래라저래라 하는 거야 대체!!" 엄마의 느닷없는 반응에 아들은 주춤 뒤로 물러선

다. "아니, 그게 아니고⋯⋯" "아니긴 뭐가 아니야? 넌 엄마가
만만해? 엄마가 네 친구야?" "난 그렇게 말한 적 없는데⋯⋯"
"네 옷은 네 돈 주고 사 입든가 말든가 해!" 옥주 씨는 아들을
거칠게 밀치고 계산대로 향한다. 순식간에 행복했던 분위기가
싸늘해졌다.

지은 씨 이야기

지은 씨의 다섯 살 된 딸은 완벽주의적인 성향을 타고났다.
아기 때부터 뭐 하나에 빠지면 끝을 봐야 했다. 거기에 더해 자
신이 만족할 수 있을 때까지 하지 못하면 짜증이 이만저만이
아니다. 오늘도 부엌 식탁에서 그림을 그리다가 갑자기 짜증
을 내기 시작한다. 집을 반듯하게 그리고 싶은데 선이 자꾸 삐
뚤어진단다. 아무리 지은 씨가 잘 그렸다고 말해줘도 마음에
들지 않는지 짜증을 멈추지 않는다. "엄마가 그려줄까?" "싫
어! 이건 내 그림이야. 엄마 그림 아니야!" "그럼 다른 거 그려
볼까? 꽃은 어때?" "싫어!! 난 집 그리고 싶어. 집 그릴 거야."
딸이 악을 쓰며 소리를 지른다.

지은 씨는 막무가내인 딸을 보다가 문득 화가 머리끝까지 차
올랐다. "그럼 아무것도 그리지 마! 그렇게 짜증 내고 심술부
리려면 그만둬!" 그녀는 자신도 모르게 아이의 그림을 낚아채
서 갈기갈기 찢고 있었다. 목청이 터지도록 우는 딸을 부엌에
내버려두고 안방으로 들어가 쾅 문을 닫아버린다. 지은 씨는
안방 거울에 비친 자신의 모습이 마치 '미친 여자' 같았다.

정현 씨 이야기

아이돌 그룹을 좋아하는 정현 씨는 고등학교 1학년 딸과 함께 생애 처음으로 케이팝 콘서트를 갔다. 그 어렵다는 티켓팅에 성공한 덕분이다. 두 시간이 넘도록 콘서트를 즐긴 후 가슴이 터질 것 같은 흥분을 겨우 누르고 주차장으로 향했다. 아이돌 굿즈를 사고 싶어 하는 딸과 주차장 입구에서 만나기로 하고 헤어진 그녀는 서둘러 지하 주차장으로 내려갔다. 지하 주차장은 이미 차들로 뒤엉켜서 그야말로 아수라장이 따로 없었다. 겨우 주차장을 빠져나온 그녀는 입구 쪽에서 목을 빼고 딸을 찾았지만, 딸은 보이지 않았다. 뒤에서는 빨리 가라고 쉴 새 없이 빵빵거렸다. 정현 씨는 급하게 딸한테 전화했다.

"너 어디야?" 정현 씨의 목소리가 날카롭게 갈라졌다. "주차장 입구지. 근데 엄마 왜 안 나와?" 통화 중에도 뒤에서는 연신 경적이 울려댄다. 그녀는 딸에게 버럭 소리를 지른다. "너 바보야? 엄마가 주차장 입구에서 기다리라고 했으면 여기서 기다려야지! 너는 왜 이렇게 엄마 말을 귓등으로 듣니?" 딸도 짜증 난 목소리로 대꾸한다. "아이 씨~ 주차장 입구에서 기다리고 있다고. 왜 짜증인데?" "이게 얻다 대고 엄마한테 대들어?" "누가 대든다고 그래? 엄마는 왜 엄마 마음대로 해석해?" "뭘 잘했다고 꼬박꼬박 말대꾸야. 그렇게 잘났으면 너 혼자 알아서 집에 가. 엄만 그냥 갈 거니까!"

그렇게 정현 씨는 딸을 내버려둔 채 콘서트장을 빠져나왔다. 그런데 10분쯤 도로를 달리다가 아차 싶었다. 생각해보니 그녀와 딸은 길이 엇갈렸다. 딸은 당연히 처음에 들어갔던 주차장 입구에서 엄마를 기다렸고, 정현 씨는 뒤엉킨 주차장 내에서 이리저리 돌다가 다른 입구로 빠져나온 터였다. 그녀는 딸에게 사과하고 싶었지만, 그마저도 용기가 안 난다.

이성의 검열 과정을 거치지 못한 말들이 고삐 풀린 망아지처럼 마구 터져 나온다. 아이 입장에서는 자신이 뭐라고 반박이라도 하려 들면 엄마가 더욱 윽박을 질러대니 숨이 막힐 지경이다. 어른답지 못한 자신의 행동에 화가 나는 건 잠깐이다. 생각에 울퉁불퉁 가시가 돋기 시작한다. 이대로 아이에게서 물러서고 싶지 않다. 여기서 수그리면 엄마로서의 권위가 땅바닥에 떨어질 것 같은 두려움이 고개를 든다. 생각의 가시가 가슴으로 내려왔는지 심장이 따끔거리고 쑤셔온다. 아이를 향했던 화살이 어느새 엄마의 가슴을 관통한다.

강의와 상담에서 만나는 수많은 엄마는 하루에도 여러 번 화뿐만 아니라 여러 복잡한 감정의 덫에 걸려 버둥거린다. 그때마다 매번 뒤늦게 후회하면서도 다람쥐 쳇바퀴 돌 듯 같은 실수를 반복한다. 직장이나 사회생활에서는 아무 문제없이 잘 지내는 엄마들이 왜 유독 아이와의 관계에서는 한없이 유치하고 치사해지는 걸까? 현관 밖에서는 잘 관리되던 감정 주머니가 왜 유독 아이 앞에서는 터져서 줄줄 새는 걸까? 그야말로 안에서만 새는 바가지다.

동화 《오즈의 마법사》에서 가장 인상 깊었던 장면은 오즈의 마법사가 등장하는 장면이다. 강아지 토토가 커튼을 들추자 커튼 뒤에 숨어 있던 마법사의 민낯이 고스란히 드러났다. 왜소하고 볼품없는 중년 남성을 본 순간, 실망감은 이루 말할 수 없었다. 더군다나 마법사 또한 자신의 문제를 해결하지 못해 전전긍긍하고 있다니! 환상이 산산조각 났다.

많은 엄마는 자신이 마법사가 되어야 한다고 믿는다. 아이 앞에서만큼은 마법사처럼 되려고 애를 쓴다. 어쩌면 엄마가 되기 전까지는 두꺼운 커튼 뒤에 정체를 가리고 살아가는 것이 어느 정도 가능할 수도 있다. 하지만 어린 '토토'들을 만나는 순간, 예외 없이 난관에 봉착한다. 이 깜찍한 생명체들은 예고도 없이 커튼을 수시로 열어젖히기 때문이다. 마치 마구 쑤셔 넣은 장롱 속 잡동사니가 한꺼번에 우르르 쏟아지는 것처럼, 감추고 싶은 엄마의 민낯이 적나라하게 드러난다. 그래서 양육은 숨겨진 나를 만나는 여정일지도 모를 일이다. 감춘 게 많을수록 화날 일도 많다. 엄마가 되지 않았으면 몰랐을 것들, 아니 어쩌면 몰라도 되는 것들을 엄마가 되는 순간 무차별적으로 경험할 수밖에 없다.

엄마의 감정에 상처 입는 아이들

튼튼한 우산이 있다면 장대비도 걱정되지 않는다. 하지만 만약 우산이 없다면 먹구름이 조금만 드리워져도 안절부절못하게 된다. 습한 공기에도 '이러다 비가 갑자기 쏟아지기라도 하면 어쩌지' 하면서 당황한다. 아이에게는 정서를 처리할 만한 내적 자원이 없다. 마치 우산이 없는 상태와 같다. 자기감정뿐만 아니라 자기 존재 위로 쏟아지는 엄마의 감정을 적절하게 견뎌낼 힘이 없다. 예고 없는 소낙비에 속수무책으로 당하는 것과 별반 다르지 않다. 특히 영유아들은 아직 인지적 수준이 어른에 미치지 못하기 때문에 상황을 온통 자기중심적으로 해석한다. 엄마가 화를 낸다면 자신이 엄마를 화나게 만들고 있다고 여긴다. '엄마가 저렇게 화를 내는 건 나 때문이야. 내가 뭔가 잘못했기 때문이야.' 이처럼 아이들은 옳고 그름을 걸러내는 거름망이 없이 경험한 전부를 온몸과 정서로 흡수한다. 엄마에게 화를 내서 상황을 위태롭게 만드느니 자신을 미워하는 편이 더 안전하다고 느낀다.

그러나 인지적 발달이 급격해지는 초등학생이나 사춘기가 되면 이제 아이들은 상황을 달리 본다. '쳇! 엄마는 걸핏하면 나한테 화풀이야.' 이들은 엄마의 화가 얼마나 비논리적이고 비합리적인지를 따지고 들며 신랄하게 비판하기에 이른다. 이 과정에서 억울함과 불공평함이 터져 나오고, 이 감정의 화살은 고스란히 엄마를 향한다. 가뭄에 논바닥이 쩍쩍 갈라지듯이, 엄마와 아이의 관계는 서서히 금이 간다.

아이는 엄마의 감정을 먹고 자란다

엄마가 된 이상 우리는 우리 안에서 올라오는 감정을 제대로 이해해야 한다. 어쩌면 감정은 얼굴보다 더 적나라하게 우리를 드러내는지도 모른다. 얼굴은 화장이라도 가능하지만, 감정은 꾸밈이 거의 불가능하다. 엄마 스스로는 모르지만 우리는 날마다 자신의 감정 한 숟가락을 아이에게 떠먹인다. 아이는 밥보다 엄마의 감정을 더 많이 먹고 자란다. 엄마를 통해 감정을 처리하는 방식을 배우고 이런 식으로 감정은 대물림된다. 그야말로 콩 심는 데 콩 나고 팥 심는 데 팥 나는 것과 같다. 화내는 엄마 밑에서 화내는 아이가 자라고, 불안한 엄마 밑에서 불안한 아이가 자란다. 어떤 음식을 먹느냐에 따라 성장에 직접적인 영향이 미치는 것처럼, 엄마의 감정은 아이의 심리적, 정서적 성장에 결정적인 역할을 한다. 유통기한이 지난 음식을 아이에게 먹여서는 안 된다. 마찬가지로 엄마 안의 오래된 시큼하고 정체 모를 감정으로 아이를 키울 수는 없다.

감정은 우리 자신이 누구이며, 현실적 한계와 취약함이 무엇인지를 알려주는 지표다. 엄마의 감정을 해부하면 그 속에는 채워지지 않은 욕구가 숨어 있다. 욕구가 채워지지 않을 때 누구나 애정에 굶주린다. 그리고 성취감을 느끼기도 어렵다. 무엇보다 욕구가 좌절되면 끊임없이 분노를 느낀다. 엄마가 자신의 욕구를 제대로 알고 충족하지 못한다면, 자녀의 욕구 또한 충족시켜줄 수 있을 리만무하다. 앞서 세 엄마는 은연중에 아이들이 자신들의 취약함과 치부를 건드렸다는 점을 모르고 있다.

엄마의 오래된 감정, 수치심

일차적 감정과 이차적 감정

인간은 누구나 지극히 취약하고 의존적인 상태로 삶을 시작한다. 생존하고 적응하기 위해서는 누군가의 돌봄이 꼭 필요하며 이과정에서 신체적, 정서적, 심리적 욕구를 충족할 수 있어야 한다. 우리 안의 욕구는 자신이 누구인지, 어떤 사람인지를 찾아가는 내적 지도와 같다. 욕구와 가장 밀접한 것은 바로 감정이다. 영어에서 '감정'을 가리키는 단어 'emotion'의 어원은 '떠나다'라는 의미를 지닌 라틴어 'emovere'다. 'emotion'은 또한 'e('바깥'을 의미하는 접두사)'+'motion(움직임)'으로도 해석이 가능하다. 정리하자면, 감정은 정서적 에너지로 인간을 움직이게 하는 기본적인 힘이다. 따라서 마치 나침판처럼 우리에게 나아갈 방향을 제공한다. 이러한 감정이 억눌린다면 이는 삶의 방향성을 잃어버리는 것과 같다. 만약 어린 시절 자신의 감정들은 무시한 채 양육자의 욕구에만 적응하려고 노력했다면 아이는 '뭔가 잘못된' 느낌을 지닌 채 성장할 수밖에 없다.

감정은 곤충의 머리에 달린 더듬이처럼 주변을 미세하게 감지한다. 상황이 내게 좋은지 나쁜지, 또는 안전한지 위험한지에 대해 어느 기관보다도 가장 빠르게 알려주는 동시에 우리로 하여금 가장 적합한 선택을 하도록 돕는다. 이처럼 자극에 대한 즉각적이고 본능적인 감정을 일차적 감정이라 한다. 일차적 감정은 우리가 지극히 당연하게 느끼는 감정이며 이는 생존하고 적응하는 데 반드시 필요하다. 따라서 어떤 경우라도 일차적 감정에는 이러쿵저러쿵 토를 달지 않아야 한다. 일차적 감정은 그 감정을 불러일으킨 상황이 해결되면 자연스레 사라진다. 뱀을 보고 공포를 느꼈던 사람이 뱀이 사라진 후에는 안도하는 것과 같다.

일차적 감정과 달리 이차적 감정은 후천적으로 학습된다. 생각이라는 필터를 거쳐서 나오는 복합적인 감정을 이차적 감정이라 부른다. 바람을 피운 남자 친구와 헤어져서 화가 나거나 슬프다면 이것은 일차적 감정이다. 그런데 어떤 사람은 동일한 상황에서 수치심을 경험한다. 즉, 자신이 못나고 부족해서 남자 친구가 바람을 피웠다는 생각이 더해지면서 감정의 왜곡이 일어난다. 수치심, 화, 죄책감 등은 엄마들이 흔히 경험하는 이차적 감정이다.

수치심이 만드는 거짓 자기

이차적 감정은 사람과의 관계를 통해 학습되는데, 특히 결정적 영향을 미치는 요인은 바로 주 양육자의 말과 행동이다. 가령 엄마와 아이가 어두운 밤길을 걸어가는 상황이라고 하자. "엄마, 너무 무서워요"라는 아이의 말에 엄마가 버럭 화를 낸다. "사내자식이 이게 무섭긴 뭐가 무서워! 그렇게 겁이 많아서 어쩌려고 그래? 이건 무서운 거 아니야. 어서 가!!" 하지만 아이의 겁은 지극히 당연한 일차적 감정이다. 무서운 데 이유가 있을 필요는 없다. 그런데 이때 엄마가 아이의 감정을 평가하고 비난하면 아이는 이차적 감정, 즉 수치심에 휩싸인다. 무서워하는 건 잘못된 것이고, 잘못된 감정을 느끼는 자신은 문제가 있다고 여긴다. 제대로 받아들여지지 않고 처리되지 못한 감정은 수치심과 뒤섞인다. 일차적 감정과 달리 감정을 불러일으킨 상황이 달라져도 이차적 감정은 그대로 남는다. 다시 말해 어둠이 걷히고, 자신을 혼낸 엄마가 사라져도 수치심은 아이 마음속에 고스란히 남는다.

일차적 감정은 우리의 욕구를 반영한다. 무서움을 타고 겁을 내는 아이는 안전에 대한 욕구가 강하다. 이런 아이는 자신을 둘러싼 상황이 충분히 안전하고 괜찮다고 확인이 되어야, 비로소 행동이 가능하다. 하지만 감정이 수치심에 묶이면 우리는 일차적 감정과 분리된다. 아이는 아직 자신의 욕구를 처리하고 충족하는 방법을 모른다. 더군다나 언어가 어른 수준으로 발달하지 못한 아이는 자기 나름의 방식으로 엄마에게 도움을 청한다. 그런데 이때 엄마가 아이의 욕구를 다짜고짜 비난하면, 아이 내면에는 '이런 불편함을 느끼는 나는 잘못되었다'라는 메시지가 전달된다. 무서움이나 겁은 지극히 자연스러운 내적 경험임에도 불구하고 이런 자신의 감정을 믿을 수 없고 혼란스럽다. 겁이 날 때마다 자신은 결함이 있다고 여긴다. 이윽고 욕구(여기서는 공포를 피하고 싶은 욕구)를 느낄 때마다 수치심이 올라오고 이 수치심을 감추기 위해 거짓된 자기를 만든다. 쉽게 말해, 겁이 나는데도 불구하고 용기 있는 척 굴거나 겁을 숨기기 위해 모든 에너지를 총동원한다. 상황에 적절히 대처하는 법이나 자신의 욕구를 충족하는 법은 배울 틈이 없다. 우리의 본모습, 즉 참자기가 숨겨지는 과정이다. 그렇게 세월이 흐르다 보면 어느 순간 자신이 누구인지조차 모르게 된다.

| 일차적 감정(욕구) | + | 수치심 | = | 거짓 자기 |

이렇듯 욕구에 수치심이 더해지면서 자신이 아닌 다른 무언가가 되어야 한다고 끊임없이 강요받는다. 타고난 성향과 반대 방향으로 달려가도록 내몰린다면, 그 인생은 실패할 수밖에 없다. 심리학자이자 정신과 의사인 앨리스 밀러Alice Miller는 자신이 아닌 다른 존재로 변형되어가는 과정을 '영혼의 살인'이라고까지 표현했다.

수치심은 '불량'이라는 딱지와 같다. 자신이 느낀 감정이 수치스럽게 여겨진다는 것은 감정에 시뻘건 불량 딱지를 붙이는 셈이다. 불량이라고 여겨지는 순간, 우리는 무슨 수를 써서라도 그 감정을 억압하려 든다. 억압된 감정은 더욱 골칫거리가 된다. 충분히 느껴지지 않고 차단된 감정들은 여전히 에너지를 가진 상태로 우리 안에 남는다. 시간이 갈수록 그 위력은 점점 거세져서 더 이상 누를 수 없을 때가 되면 그때까지 눌려왔던 감정은 일거에 터진다. 예를 들어, 일반적으로 느낄 만한 수준의 화에 수치심이 더해질 경우 분노는 걷잡을 수 없이 폭발한다. 마찬가지로 잘못된 행동을 했을 때 일반적으로 느낄 만한 죄책감에 수치심이 얹어지면 심각한 수준의 자기 비난으로 이어진다.

수치심이 낳은 잘못된 행동

인간이라면 누구나 느낄 법한 본질적인 욕구에 수치심이 더해지면 잘못된 행동으로 이어진다. 즉, 욕구가 제때 제대로 충족되지 못하면 잘못된 방식으로라도 채우려 든다. 언젠가 인터넷 공간에서 악성 댓글을 다는 사람을 인터뷰한 기사를 본 적이 있다. 차마 입에 담기도 힘든 욕설을 내뱉는 이유를 묻자, 그는 "그렇게라도 하면 관심을 끌 수 있으니까요"라고 무심하게 대답했다. 익명의 공간에서나마 자신의 한마디 말에 격하게 반응하는 사람들을 보며 존재 감각을 느낀다. 이처럼 수치심으로 뒤범벅된 이들은 폭력적이고 과격한 행동을 서슴지 않는 경우가 흔하다. 이들은 자신의 가치를 엉뚱한 곳에서 찾아 헤맨다. 마치 목이 마른데 마실 물이 없으면 흙탕물이라도 마시는 것처럼 말이다.

특히 엄마의 감정이 수치심에 묶이면 문제가 커진다. 엄마 자신도 어린 시절 자신의 감정을 비난받거나 무시당하면서 감정 자체가 '나쁘다'고 배웠기 때문에 아이의 감정을 허용하지 못한다. 게다가 아이의 특정 행동이나 태도가 온갖 힘을 가해서 눌러놓은 엄마의 감정을 매번 껄끄럽게 건드리기 때문에 견디기 어렵다.

인경 씨는 엄마를 떠올릴 때마다 화가 난다. 학창 시절 학교 준비물을 사거나 체험 활동을 갈 때 용돈을 요구하면 인경 씨 엄마는

"너는 왜 이렇게 돈이 많이 들어가는지 모르겠다"라며 항상 불평 불만을 토로했다. 심지어 용돈을 줄 때도 바닥에 내동댕이치듯이 던져줬다. 어린 인경은 바닥에 나뒹구는 돈을 주울 때마다 서러움 이 복받쳤다. 그녀가 자라서도 엄마의 태도는 마찬가지였다. 엄마 는 하루가 멀다 하고 그녀의 남자 친구를 험담했다. "걔는 너의 어 느 면이 좋아서 널 만난다니! 눈이 삔 건지, 도무지 이해할 수가 없 어." 게다가 인경 씨가 남자 친구에게 선물을 받아오면 탐을 냈다. 그렇게 엄마에게 뺏긴 옷이나 화장품이 적지 않다. 어린 인경은 엄 마의 눈 밖에 나지 않기 위해서 언제나 신경을 곤두세웠다. 늘 자 기 기분보다는 엄마 기분을 맞추려고 애쓰고, 쓸데없이 눈치를 보 는 습관이 생겼다. 인경 씨는 커갈수록 예민해지고 날카로워졌다. 돌이켜보면 단 한 번도 엄마의 친딸인 적이 없는 것 같았다. 어쩌 면 자신은 주워온 자식일지도 모른다는 생각을 떨쳐내기가 어려웠 다. 문제는 그녀 역시 딸에게 날카롭게 군다는 사실이다. 인경 씨 는 딸의 천진난만함이나 장난스러움이 싫다. 무엇보다 딸이 그녀 에게 무언가를 요구할 때마다 속이 뒤집힌다. "넌 바라는 게 한도 끝도 없구나. 대체 엄마가 어디까지 해줘야 하는 거야?"

어린 시절 자신을 보호하기 위해서 겹쳐 입은 갑옷이 어느새 자 신의 소중한 아이가 자신에게 가까이 다가오는 걸 막아버리는 도 구가 된다. 이처럼 수치심은 우리가 의식하지 못한 사이에 대물림

된다. 궁극에는 자신이 무엇을 필요로 하는지도 모를 뿐 아니라 자기와의 연결조차 끊어진다.

대물림되는 엄마의 수치심

"저희 엄마는 자존감이 엄청 높은 분이세요. 직업적으로도 성공했지만, 성격도 활달하고 활동적이어서 모든 사람이 존경했던 분이세요. 그런데 왜 자식들한테는 그토록 무자비했을까요?"

여기까지 말을 이어가던 예은 씨는 눈물을 흘린다. 그녀는 어린 시절 엄마에게 받은 상처가 너무 크다고 고백한다. 그녀의 엄마는 밖에서는 누구나 존경하는 훌륭한 사람이었지만, 집 안에서는 자녀를 무차별적으로 학대하는 폭군이었다. "니들 때문에 엄마가 스트레스 받아서 못 살겠다. 덜 떨어진 정신병자 같은 것들."

정서적 학대뿐만 아니라 신체적 학대까지도 이어졌다. 예은 씨는 늘 자신이 하찮고 보잘것없는 존재라는 사실을 각인하면서 자라왔다. 한 번은 트레이닝 바지를 입고 엄마 회사를 찾아갔다가 혼쭐이 난 적도 있었다. 사실 혼쭐 정도가 아니라 엄청나게 호된 비난을 받아야 했다. "그따위로 입고 오려면 오지 마! 엄마가 너 때문에 얼마나 창피를 당해야겠니? 아휴…… 저것도 자식이라고!"

예은 씨는 자신이 늘 엄마의 명성을 더럽히는 못난 존재라고 믿는다. 그녀는 엄마와 달리 자존감이 바닥이라 사는 게 힘들다고 말한다. 자기 존재를 원치 않고 무시하는 환경에서 성장하면 우리는 자존감뿐 아니라 본능적인 감각을 발달시키기도 어렵다.

그렇다면 예은 씨의 엄마는 과연 자존감이 높은 걸까? 우리는 흔히 겉으로 나타나는 것들, 즉 성공과 성취, 부와 명예 등으로 자존감을 측정하려 든다. 하지만 자존감은 존재의 가치와 능력에 대한 인식이다. 자존감自尊感은 한자에서도 알 수 있듯이 개인이 '느끼는' 주관적인 내적 경험이다. 표면적인 상태와 상관없이 자기 존재가 충분히 사랑받을 만한 가치가 있다는 것과 어떤 일을 해낼 만한 능력이 있다는 확신이다. 자존감이 높은 사람은 자기의 내적, 외적 상태 모두를 있는 그대로 받아들인다. 즉, 자기 생각과 감정 그리고 처한 현실 등을 자연스럽게 수용한다. 자기 자신이 중요하고 소중한 사람은 다른 사람 또한 중요하고 소중하다는 사실을 인정한다.

우리는 누구나 자신이 세상에 존재하는 이유를 알고자 한다. 적어도 자기 존재가 쓸모 있고 가치 있다는 확인이 필요하다. 하지만 어린 시절 자기 존재가 소중하고 중요하다는 확인을 받지 못한 사람들은 존재의 가치를 엉뚱한 곳에서 찾으려고 한다. 이들은 자신의 결점이나 허점, 문제가 드러날까 봐 두려움에서 헤어나오지 못한다. 자신이 상처받는 게 겁이 나서 다른 사람을 상처 입히는 것을 주저하지 않는다. 특히 자존감이 낮은 엄마라면 문제는 심각해진다. 가장 만만하고 취약한 자녀가 희생의 대상이 되기 때문이다. "넌 그게 문제야. 도대체 하나부터 열까지 다 챙겨줘야 하니 엄마가 힘들어서 어디 살겠니?" 자존감이 낮은 엄마는 끊임없이 흠을 찾아내어 자신의 아이를 작고 하찮은 존재로 느끼게 만든다. 이렇게라도 해서 두려움으로부터 도망치거나 자신의 가치를 높이려는 교묘한 전략이다.

느껴봐야 아무짝에도 소용없는 무용지물인 감정은 없다. 모든 감정은 인간의 생존과 적응에 꼭 필요하다. 불안은 위험으로부터 피하도록 해주고, 슬픔은 위로를 구하도록 만들며, 화는 자신의 경계를 지킬 수 있도록 돕는다. 하지만 감정은 지나칠 때 문제가 된다. 지나치게 불안하면 특정 공포증이 될 확률이 높고, 결국 불안 때문에 일상생활 자체가 불가능해질 수 있다. 수치심도 마찬가지다. 건강한 수치심은 우리가 한계가 있는 존재임을 알려준다. 인간이기에 어쩔 수 없는 한계 말이다. 하지만 수치심이 '난 아무짝에서 쓸모가 없는 사람이야'라는 생각으로 빠지면 곤란하다. 수치심이 내면 깊숙이 똬리를 틀 때 우리의 심리적 성장은 멈춰버린다. 특히 지속적인 감정적 비난은 마음속에 깊은 상처를 남기고 이는 치유가 어렵다. 따라서 엄마의 내면에서 오랜 세월 동안 덩어리진 수치심을 직면하는 일이 먼저다.

화나는 엄마와
화내는 엄마

엄마의 화가 폭발하는 이유

아이를 보면 화가 나서 견딜 수 없다는 엄마들을 참 많이 만난
다. 화가 나는 이유도 다양하다. 학습을 도와주는데 아이가 제대로
따라오지 못하면 화가 난다. 자신이 지시하는 대로 재깍재깍 움직
이지 않는 아이를 보면 화가 난다. 아이가 자신을 귀찮게 해도 화
가 난다. 심지어 아이가 짜증이라도 내면 엄마의 화는 폭발한다.
아이의 화나 짜증은 의도치 않게 엄마의 화에 기름을 붓는다.

엄마가 아니어도 누구나 화를 낸다. 원하는 게 제대로 이루어지지 않거나, 나의 존엄성이 훼손되었다고 느낄 때 화가 난다. 누군가가 나를 모함하거나 혹은 나를 무시할 때도 어김없이 화가 난다. 자유가 부당하게 침해당할 때도 화가 난다. 꽉 막힌 도로에서 오도 가도 못했던 때를 떠올려보자. 이럴 때는 질주하고 싶은 나의 자유가 꺾이기 때문에 화가 나기 마련이다. 바람 사이로 몸을 피해서 걸을 수 없듯이 일상에서의 화는 인간이라면 피할 수 없는 숙명이다.

이처럼 화는 누구나 겪을 수 있는 보편적인 감정이다. 따라서 화가 난다고 해서 인격적으로 미성숙하거나 못났다고 손가락질당할 이유는 없다. 그런 의미에서 화나는 엄마는 아무런 죄가 없다. 오히려 화는 마음이 아프다는 신호다. 엄마 안의 해결되지 않은 상처가 터져 나오는 것일 수도 있다. 아이는 자신도 모르는 사이 엄마의 가장 아픈 곳을 헤집었을 수도 있다. 사실 엄마의 가장 흔한 이차적 감정은 화라고 해도 과언이 아니다. 하지만 화를 내는 것은 다른 차원이다. 화가 나는 것과 화를 내는 건 엄연히 다르다. 내 안의 화를 겉으로 표출할 때는 책임이 따른다. 적어도 어른이라면 화에 따르는 행동은 반드시 책임질 수 있어야 한다. 그 전에 내 안에서 올라오는 화에 대해서 제대로 알아야 한다.

문제는 마약 탐지견이 마약을 쫓듯이 엄마의 화가 유독 아이만을 향한다는 점이다. 그래서 누구보다 아이에게 직접적이고 치명적인 영향을 미친다. 화가 앞장서면 이성적이고 논리적인 뇌가 미처 따라잡기도 전에 막말들이 마구 날아든다.

"너 등신이야? 바보야?"

"너 같은 건 내 자식도 아니야!"

"하는 게 어째 다 그 모양이니? 그딴 식으로 하려면 때려치워!"

심리학에는 스티그마 효과stigma effect라는 작용이 있다. 흔히 말하는 낙인 효과다. 아이는 부모의 반응 혹은 대응에 따라 '나는 ~한 나쁜 아이'라고 믿어버린다. '바보 같고 등신 같은 아이'라는 낙인을 마치 주홍글씨처럼 가슴에 새긴다.

엄마의 화 속에 답이 있다

화 한 번 안내고 아이를 키우기란 하늘의 별 따기다. 화는 자연스러운 감정이자 인간이 살아가는 데 필요한 감정이다. 다만 지극히 당연한 화에 수치심이 더해질 때 문제가 된다. 일차적 감정에 수치심이 더해지면 감정은 필요 이상으로 증폭된다. 분노에 수치심이 더해지면 분노는 걷잡을 수 없이 증폭된다. 심리학자들은 수치심이 고통스럽고 파괴적인 감정이기 때문에 분노와 같은 부정적인 감정으로 대신 표현한다고 말한다. 미국 마취과 의사 헨리 K. 비처Henry K. Beecher의 "강렬한 감정은 통증을 차단할 수 있다"라는 말처럼, 분노를 표출하면 비난을 자신의 내부가 아니라 외부로 돌릴 수가 있다. 이런 식으로 내부에서 느끼는 정서적 고통을 감쪽같이 숨길 수 있다.

앞서 트레이닝 바지를 입고 온 딸에게 불같이 화를 낸 엄마를 떠올려보자. 이 엄마는 다른 사람들의 시선으로부터 자유롭지 못하다. 겉보기에 번듯해야만 인정받을 수 있다고 철석같이 믿는다. 이 엄마에게는 자녀 또한 자신의 성공을 보여주는 지표에 지나지 않는다. 자기 존재 그대로 사랑받아본 경험이 없다 보니 어떻게 자녀를 사랑하고 수용을 해야 하는지 모를 뿐이다. 그보다 더 큰 문제는 엄마의 내면 깊은 곳에 똬리를 틀고 앉은 수치심이다. 있는 그대로의 수치심을 직면하기가 무섭다. 그래서 수치심이 꿈틀댈 때마다 아이에게 화를 퍼붓는다. 그렇게라도 해야 수치심으로부터 도망갈 수 있기 때문이다.

복권을 긁듯이 화라는 감정을 긁어내면 그 속에는 수치심뿐 아니라 억울함, 서러움, 슬픔, 외로움 등 여러 감정이 원래의 모습을 드러낸다. 이 감정들은 정체를 드러낼 때까지 손톱 아래 박힌 가시처럼 우리의 신경을 거슬리게 한다. 자신의 내적 현실을 무시하면, 즉 자기 안에서 올라오는 감정을 무시하면 자기 자신에 대한 감각, 정체성뿐 아니라 삶의 방향성도 잃어버린다. 많은 엄마가 양육에서 길을 잃고 방황하는 이유다.

앞서 아이에게 화를 퍼부었던 엄마들 이야기로 돌아가자. 옥주 씨가 참지 못하고 과민 반응한 이유는 아들의 무심한 한마디가 그녀의 오래된 상처를 들쑤셨기 때문이다. 그녀는 자라면서 가족의 구성원으로서 충분히 존중받지도 대접받지도 못했다. 그래서 늘 마음 한구석에 서러움이 가득하다. 아들의 한마디는 어린 옥주의 마음을 할퀴었던 엄마의 말, "넌 있는데 그걸 또 사니?"를 재생시켰다. 지극히 당연했던 어린 옥주의 욕구는 언제나 '욕심 많은 아이'로 치부되었다. 만약 옥주 씨가 자신의 상처를 제대로 이해했다면 어땠을까? 어쩌면 아들의 한마디에 과도하게 화를 내기보다는 좀 더 여유 있게 대응하는 게 가능했을지도 모른다. "맞아. 엄마한테 이런 종류의 옷이 많기는 하지. 이게 엄마 스타일이야."

아이의 그림을 갈기갈기 찢었던 지은 씨는 완벽주의적인 성향이 강하다. 자신을 닮은 딸을 볼 때마다 그녀는 시험에 드는 기분이다. 비뚤어진 선에 집착하는 아이는 그녀의 어린 모습 그대로다. 아이를 통해서 자신의 못난 부분을 훔쳐볼 때마다 지은 씨 안에서는 오래 묵은 불안이 꿈틀거린다. '지랄 맞은 성격'이라고 숱하게 비난받은 어린 시절이 재연되기 때문이다. 지은 씨 또한 자신의 못난 부분을 알아차리고 수용했다면 좀 더 성숙한 반응을 보일 수 있었다. "반듯하게 그리고 싶은데 마음대로 안 되어서 속이 많이 상한가 보네. 어떻게 하면 좀 더 마음에 들게 그릴 수 있을까? 엄마랑 같이 해볼까?"

콘서트장에 딸을 버려두고 온 정현 씨는 상황이 예측한 대로 굴러가지 않으면 참을 수가 없다. 모든 건 제자리에서 시계처럼 일정한 속도로 흘러가야 한다. 그녀는 예측에서 하나라도 삐거덕대면 자신의 통제력이 상실될 것 같은 두려움에 어쩔 줄 모른다. 그래서 이 모든 불편한 감정으로부터 도망가기 위해 버럭 화를 낸다. 그녀가 감정으로부터 도망치는 대신 담담하게 직면하기를 선택했다면, 어쩌면 딸에게 사과했을지도 모른다. "엄마가 잠깐 착각했어. 아까는 엄마가 심하게 소리 지르고 화내서 속상했지? 미안해."

엄마라면 더 늦기 전에 자신의 화 뒤에 숨은 일차적 감정을 만나야 한다. 화 속에 웅크리고 있는 진짜 감정을 직면해야 한다. 그래야 그 감정이 전하는 메시지가 비로소 들리기 시작한다.

금이 가고 움푹 팬 아스팔트에 흙탕물이 고이듯이, 화가 나는 바로 그 지점에 오랫동안 방치되어온 엄마의 상처가 고여 있다. 상처 부위를 꾹 누르면 '으악' 하고 소리를 지르듯이, 오래된 상처가 자극받는 순간 슬픔, 수치심, 불안, 분노 등의 감정들이 수면 위로 떠오른다. 이때 화가 나는 자신을 탓하고 비난하기에 앞서 자신 안의 문제를 깊이 들여다보는 게 먼저다. 비난은 그 뒤에 해도 늦지 않다. 엄마의 상처를 돌보지 않고 아이의 감정을 직면하기는 어렵다. 일상에서 시도 때도 없이 올라오는 화를 유심히 관찰하고 살피다

보면 자신이 궁극적으로 원하는 게 무엇인지, 변화시키고 싶은 게 무엇인지 알 수 있다. 이제는 엄마 스스로 감정을 덮고 있는 두껍고 칙칙한 커튼을 열어젖혀야 한다.

세상에서 가장 무거운 감정, 엄마의 죄책감

'미안해'를 입에 달고 사는 엄마

고등학교 1학년 다빈이는 학원 계단을 내려오다가 발을 헛디뎌 삐끗했다. 순간 발목에 통증이 느껴졌다. 그런데 걸어보니 걷는 데는 별 지장이 없는 것 같아서 집까지 걸어서 갔다. 집에 도착한 다빈이는 다짜고짜 엄마에게 정형외과를 가야겠다고 말한다. 저녁 일정이 있는 지순 씨는 당황스럽다. 오늘은 중요한 모임이 있어서 5분 내로 나가야 한다. 시간을 보니 병원까지 오갈 시간이 되지 않는다. 더군다나 집에서 가까운 정형외과는 6시 30분까지만 진료를 한다. 그리고 지금 시간은 이미 6시 15분이 넘어서고 있다.

"엄마가 지금 중요한 약속이 있어서 나가려던 참이었거든. 가는 길에 병원 앞에서 내려줄 테니 진료 받고 올래?"

"뭐야? 나 혼자 병원을 들어가라고? 그리고 나 혼자 집에 오라고?"

"아니면 오늘은 집에서 얼음으로 찜질하고 내일 아침 일찍 엄마랑 같이 병원 갈까?"

"나 지금 아프다고!!"

"너 학원에서 집까지 10분을 넘게 걸어왔잖아. 그 정도면 심각하게 다친 건 아니야."

"엄마가 의사야? 엄마는 뭐가 중요한지 몰라서 그래?"

"그게 무슨 소리야?"

"엄만 엄마로서 우선순위가 뭔지도 모르냐고!!"

다빈이는 갑작스레 언성을 높이며 엄마를 노려본다. '엄마' 그리고 '우선순위'라는 다빈이의 말에 지순 씨는 휘청거린다. 엄마로서의 직무유기일까? 지순 씨는 이 순간 어떤 선택을 해야 할지 감이 잡히지 않는다. 오늘 모임은 지순 씨에게는 아주 중요하다. 지금 지순 씨의 온몸을 휘감는 것은 죄책감이다. 모름지기 엄마라면 아이가 아프다고 하면 다 큰 아이라고 해도 등에 업고 병원으로 뛰어야 하는 게 아닐까? 이런 고민을 하는 이 순간조차도 죄책감은 지순 씨를 쿡쿡 찌른다.

얼마 전 TV 프로그램에서 축구선수 이천수 씨 가족의 일상을 보았다. 초등학생 딸의 시력이 급격히 나빠져서 안경을 쓰는 장면이었다. 이천수 씨는 그날 집에 돌아온 부인에게 다짜고짜 인상을 찌푸리며 역정을 냈다. "애가 눈이 이 지경이 되도록 당신은 대체 뭘한 거야?" 나빠진 아이의 시력도 고스란히 엄마의 잘못이 된다. 아이가 다쳐도 엄마가 미안하다. 아이가 학교에서 문제 행동을 일으켜도 엄마가 미안하다. "너는 집에서 빈둥빈둥 노는 애가 아들 하나도 건사를 못하니?"라는 시어머니의 역정에 한마디 대꾸를 못하고 고개를 푹 숙인다. 각자의 사연은 다 다르지만, 죄책감은 엄마들과 떼려야 뗄 수 없는 감정이다. 엄마로서 뭔가를 제대로 하고 있지 못하다는 생각들이 죄책감을 부추긴다. 입술 끝에 '미안해'를 달고 사는 엄마들이 많은 이유다.

죄책감은 문제가 없다

인간은 사회적 동물이다. 더불어 살아가기 위해 사회질서가 필요하다. 그리고 이 질서를 유지하기 위해서 서로 간에 약속은 필수다. 사회 구성원에게 요구되는 최소한의 범위를 넘어갈 때 우리 안에는 죄책감이 고개를 든다. 새치기를 하다가 들키면 얼굴이 빨개진다. 교통법규를 어기다가 경찰관에게 걸리는 순간, 가슴이 콩닥거린다. 놀이 중에 금을 밟았을 때도 죄책감이 불쑥 올라온다. 이처럼 죄책감과 도덕성은 동전의 양면이다. 죄책감이라는 감정은 우리에게 '선'을 알려주는 순기능을 한다. 어디까지는 허용이 되고 어디서부터는 안 되는지에 대한 명확한 선 말이다. 만약 죄책감이라는 감정이 없었다면 이 세상은 무법천지가 되었을지도 모른다.

잘못된 행동에 따라붙는 죄책감, 즉 일차적 감정으로서의 죄책감은 아무런 문제가 없다. 죄책감은 꺼림칙하고 불편한 감정이다. 따라서 이 감정을 다시 느끼지 않으려고 우리는 행동을 통제한다. 다시 말해, 사회적으로 약속된 범주와 한계를 넘어서지 않기 위해 우리 자신을 통제하고 조절한다. 이처럼 죄책감이라는 감정은 우리의 행동을 바로잡아주는 이정표와 같다. 죄책감을 느끼기 때문에 우리는 늘 자신을 돌아보고 주변을 살핀다. 아이가 훈육을 받는 과정에서도 죄책감이 건드려진다. 우리 안의 죄책감은 사회에 적응하고 인간다운 삶을 추구하는 데 있어서 없어서는 안 될 중요한 감정임에 틀림없다. 죄책감이 없는 사람에게서 우리는 '인간다움'을 느끼지 못한다.

엄마들의 죄책감

누구나 잘못된 행동을 한다면, 즉 사회적으로 약속된 범주를 넘어서는 행동을 한다면 비난받아야 마땅하다. 그에 따르는 응당한 처벌도 감수해야 한다. 하지만 어찌 된 일인지 우리 사회에서 이러한 기준은 유독 엄마들에게만 유난히 엄격하게 적용된다. 엄마가 되는 순간, 여성들은 운신의 폭이 좁아진다. 아이가 잘못된 행동을 해도, 심지어 아이가 아파도 엄마들의 죄책감은 불쑥불쑥 고개를 든다. 엄마들을 향한 손가락질은 '맘충'이라는 말도 만들었다. '노키즈존no kids zone'은 아이가 아니라 아이를 동반한 '엄마'들이 들어가지 못하는 영역이다. 행여 어린아이가 소리를 지르면 아이가 아닌 엄마에게로 시선이 쏠린다. 아이의 천진난만함과 자유분방함조차도 엄마의 문제로 치부된다. 이런 따가운 시선은 엄마의 행동을 제약한다. 상황이 이렇다 보니 아이에게 문제가 생겼을 때 엄마들은 아이에게 집중하기보다는 '내 탓이면 어쩌지' 하며 눈치를 보게 된다. 주변의 따가운 시선을 신경 쓰느라 정작 지금 아이에게 무엇을 가르쳐야 하는지를 놓치고 만다. 훈육은 온데간데없고 엄마의 죄책감만 남는다.

엄마들의 죄책감은 역사가 깊다. '여자 목소리가 담장을 넘어가면 안 된다', '여자 셋이 모이면 접시가 깨진다', '암탉이 울면 집안이 망한다' 등과 같은 사회적 금기의 메시지들은 여자아이들의 마음속에 알게 모르게 죄책감의 씨앗을 뿌린다. 거기에 더해 딸만큼은 부정적이거나 나쁜 일을 겪어서는 안 된다는 부모의 태도는 부적절한 죄책감과 죄의식이 무럭무럭 자라도록 물을 준다. 예를 들어, 밤늦은 시간에는 딸이 혼자서 외출을 못 하도록 한다거나 심지어 여자아이 혼자서는 엘리베이터를 타는 것도 금기시된다. 부모 교육에서 만난 시윤 씨는 중학교 시절 아빠가 그녀의 머리를 밀어버린 기억을 잊지 못한다. 한 살 터울의 시윤 씨 오빠는 귀가 시간이 자유로웠던 반면에 시윤 씨에게만은 귀가 시간을 엄격하게 제한했다. 그녀가 친구들과 어울려 노느라 30분 늦은 어느 저녁이었다. 아빠는 어린 시윤이 변명할 틈도 주지 않은 채 현관에서 그녀의 머리를 마구잡이로 밀어버렸다. 이런 부모의 태도는 딸들에게 느끼지 않아도 되는 죄책감까지 무차별적으로 안겨준다.

이들이 어른이 되고 엄마가 되어도 상황은 별반 달라지지 않는다. 오히려 좀 더 교묘한 방법으로 엄마들의 내면에 죄책감을 심는다. 우리 사회는 엄마들에게 완벽을 요구한다. 엄마라면 아이에게 무조건으로 사랑을 줘야 한다는 사회적 통념과 시선은 엄마들을 '모성애'의 틀 안에 옴짝달싹 못하도록 가둬버린다. 무엇인가가 당연시되면 그것을 지키지 못했을 때의 죄책감도 커진다. 엄마들의 숨통을 조이는 것은 바로 '완벽함'이라는 허울이다. 세상에 완벽함은 존재하지 않는다. 아이를 낳는다고 해서 완벽해지지 않는다는 사실을 우리는 안다. 하지만 존재하지도 않는 걸 쫓으면서 우리는 온통 죄책감에 걸려 넘어진다. 더군다나 엄마의 동의도 없이 사회가 심어놓은 '모성 신화'는 시도 때도 없이 엄마의 발목을 잡는다.

다른 감정과 마찬가지로 살면서 어느 정도의 죄책감은 필요하다. 하지만 죄책감이 지나치면 문제가 된다. 엄마에게 무차별적으로 쏟아지는 죄책감은 소금물과 같다. 엄마들은 마치 배추처럼 죄책감에 절여진다. 죄책감이 지나치면 자기 비난으로 이어지고 자기 비난은 결국 차가운 족쇄가 된다. 엄마의 자기 비난은 궁극적으로 자녀를 향하기 쉽다. '내 탓'으로부터 도망가기 위해 아이들에게서 탓을 찾으려 든다. 이처럼 죄책감은 문제를 똑바로 보지 못하도록 엄마의 시야를 가려버린다. 과도한 죄책감에 사로잡힐 때 우리의 행동에는 지나친 제약이 따른다. 행동이 부자연스러울 뿐만 아니라 자기 검열이 과도해진다. 마치 물 빠진 옷처럼 양육에서 즐거움은 빠져버리고 의무만 남는다.

지금 엄마에게 필요한 것은 완벽함이 아니다. 비록 완벽하지는 않지만, 아이를 있는 그대로 사랑하려고 애쓰는 엄마로도 충분하다. 자신이 할 수 있는 선에서 최선을 다하면 그뿐이다. 양육이라는 과정 자체를 즐겁게 받아들이고 아이와 더불어 기꺼이 성장하려는 마음을 가졌다면 이미 자녀에게 충분히 좋은 엄마다. 이처럼 완벽함의 틀을 깨고 유연해지기 위해서는 엄마 스스로 자신의 죄책감을 살피는 것도 중요하지만, 엄마들을 향한 따뜻한 사회적 시선과 지지가 무엇보다 절실하다.

엄마만 모르는
엄마의 초감정

엄마의 초감정

10년 전 내가 살던 아파트에서 일어난 일이다. 새벽 2시쯤이었다. 느닷없는 고성과 유리 깨지는 소리와 뭔가를 부수는 소리 등에 깜짝 놀라 뛰쳐나갔다. 이미 아파트 복도에 여러 사람이 잠옷 차림으로 나와서 웅성거리고 있었다. 바로 옆집에서 싸움이 일어났다. 열린 문 틈새로 들여다보니 중학교 3학년 딸과 중학교 1학년 아들이 서로 뒤엉겨서 험악하게 싸우고 있었다. 그때 내 눈에 들어온 건 아이들의 부모였다. 아빠는 아이들을 말리는 건지 때리는 건지 분간할 수 없을 정도로 아이들보다 더 흥분한 상태였고, 엄마는 그 자리에 얼어붙은 듯 서 있기만 했다. 엄마는 잔뜩 겁먹은 채 울기 직전의 표정이었다. 이웃 주민의 신고로 급기야 경찰이 출동하고 나서야 한밤의 소동은 일단락되었고, 사건 이후 한 달도 지나지 않아서 그 집은 소리 소문 없이 이사를 갔다.

앞서 엄마의 화와 그 이면에 숨은 감정에 대해 살펴보았다. 하지만 모든 엄마가 화를 내는 것은 아니다. 어떤 엄마는 오히려 화를 내지 못해서 문제를 겪기도 한다. 화를 내야 하는 상황임에도 불구하고 화를 낼 수 없어서 그 상황으로부터 피해버리거나 혹은 아이의 화 앞에서 급격하게 얼어붙는 엄마도 있다. 물론 화 앞에서 더 큰 화로 제압하는 엄마도 있다.

부모의 양육 태도는 경험과 신념 그리고 오랜 문화적 배경에 뿌리를 두고 있기 때문에 쉽게 바뀌지 않는다. 감정코칭을 체계적으로 확립한 미국 심리학자 존 가트맨John Gottman은 이를 '초감정meta-emotion'이라는 개념으로 설명했다. 초감정은 자신과 타인이 경험하는 감정에 대한 감정을 말하는데, 이는 가치관, 신념, 태도, 생각 및 느낌 등을 총망라한다. 엄마의 초감정은 자녀의 감정에 반응하는 감정이다. 똑같은 자녀의 감정이라도 부모마다 느끼는 초감정은 다르다. 엄마가 자신의 초감정을 이해하면, 양육 과정에서 나타나는 자신의 반응이나 행동을 조절하기가 한층 수월해진다. 그리고 엄마의 성장과 치유에도 도움이 된다.

존 가트맨은 자녀의 강한 감정에 대한 부모의 반응을 연구한 결과를 토대로 부모의 초감정을 축소전환형, 억압형, 방임형 그리고 감정코칭형으로 분류했다. 만약 여러분이 다음과 같은 상황들에 처했다고 가정했을 때, 아이를 바라보는 여러분의 감정은 어떠할까? 지금부터 각각의 유형을 알아보자.

> 상황 A: 진우는 2년 넘게 잘 다니던 수학 학원을 갑자기 그만두겠다고 떼를 쓴다. 급기야 왜 자기는 마음대로 할 수 있는 게 하나도 없냐며 화를 낸다.
>
> 상황 B: 학교에서 돌아온 이준이는 같은 반 친구 생일 파티에 초대를 받지 못했다며 울먹인다.

축소전환형 엄마

> 상황 A: "야! 별것도 아닌 일로 화내는 거 아니야. 그나저나 점심은 뭘 먹고 싶니?"
>
> 상황 B: "생일 파티가 무슨 대수라고 이렇게 울고 그러니. 엄마랑 놀이터 가서 놀까? 아니면 너 좋아하는 게임 할래?"

축소전환형 부모는 아이의 감정을 별로 중요하다고 보지 않는다. 그래서 아이의 감정을 대체로 무시하거나 간과한다. 이 유형은 감정에는 좋은 감정과 나쁜 감정이 있다고 믿는다. 그리고 아이의 부정적인 감정에 직면하면 마음이 불편하다. 부정적인 감정을 되도록 빨리 좋은 감정으로 전환시켜야 한다고 여긴다. 그래서 아이가 실제로 느끼는 감정의 크기를 축소하거나 관심사를 다른 데로 전환시키려고 애쓴다.

얼마 전 산책할 때였다. 할머니와 걷던 네다섯 살쯤 된 아이가 돌부리에 걸려 크게 넘어졌다. 이마를 땅에 찧을 정도였다. "아파~앙!!" 울음을 터뜨리는 아이를 재빨리 일으켜 세우면서 할머니는 이렇게 말했다. "우리 준수 용감하지? 용감한 아이는 어떻더라? 넘어져도 씩씩하게 일어나지?" 할머니를 올려다보는 아이의 표정은 혼란스러웠다. 그때였다. 할머니는 맞은편을 가리키며 "저기 아이스크림 가게가 있네? 준수 아이스크림 먹을래?" 하며 살짝 과장된 목소리 톤으로 말했다. 눈물이 채 마르지도 않은 아이는 희미하게 웃었다.

감정의 중요성을 간과한다는 점이 이 유형의 가장 큰 문제다. 축소전환형 엄마는 때때로 아이의 감정을 놀리거나 우롱한다. 가령 "어쭈, 어린 게 화도 낼 줄 알아?" 하면서 말이다.

축소전환형 엄마 밑에서 자란 아이들은 부정적인 감정은 믿을 만한 게 못 된다는 것을 배운다. 또한 자신의 감정에 충분히 머물거나 직면하는 법을 모른다. 감정은 그저 불편한 것이라 여기며 회피한다. 나쁜 감정은 빨리 극복해야만 한다고 배웠을 뿐, 왜 그런 감정을 느끼는지는 알지 못한다. 이들은 참기 힘든 감정을 좀 더 견딜 만하고 받아들이기 쉬운 감정으로 바꾸려고만 든다.

어른이 되어서도 마찬가지다. "아냐, 내가 좀 예민한가 봐. 신경 쓰지 마. 자고 나면 좀 나아지겠지." 자신의 감정을 별것 아닌 것처럼 여기며 가볍게 치부한다. 감정적 신호가 느껴지는 동시에 시선을 다른 데로 돌려 도망가기에 바쁘다. 술을 마시거나 달착지근한 디저트를 먹으며 위안을 구한다. 또는 친한 친구에게 전화를 걸어 쓸데없는 잡담을 늘어놓기도 한다. 다른 것들로 주의를 전환하는 사이, 진짜 감정은 내면 깊숙이 가라앉는다. 잠시 감정적 불편함으로부터 도망갈 수는 있지만 정작 해결되지 않은 감정은 형체를 바꿔가며 수시로 성가시게 군다.

억압형 엄마

상황 A: "뭘 잘했다고 소리를 질러? 도대체 어디서 배운 버르장머리야. 한 번만 더 소리 지르면 쫓겨날 줄 알아!!"

상황 B: "울지 마! 뚝! 생일 파티 초대 못 받을 수도 있지, 그게 그렇게 질질 짤 일이야? 오죽 못났으면 초대를 못 받았겠니?"

억압형은 축소전환형과 비슷하지만, 훨씬 더 부정적으로 반응하는 유형이다. 이들은 아이의 감정을 비난하고 혼낸다. 부정적인 감정은 억제하고 자제해야 한다고 믿는다.

억압형 엄마 밑에서 자란 아이들은 감정을 표현하는 것 자체에 어려움을 겪는다. '나쁜 감정을 느끼는 자신=나쁜 사람'이라는 공식이 만들어졌기 때문이다. 이들은 감정을 스위치처럼 *끄거나 켜*는 게 가능하다고 믿는다. 그래서 자기 안에서 부정적인 감정이 올라오면 그 즉시 꺼버리려고 애쓴다. 감정을 어떻게 처리해야 할지 몰라 전전긍긍한다. 감정을 억압할 때 드는 에너지는 우리가 상상하는 것 이상이다. 운전 중이라서 당장 급한 생리적인 현상을 해결하지 못하는 상황이라고 가정해보자. 자연스레 몸이 보내는 응급 신호에만 온통 신경이 쏠리다 보니 운전에 주의를 기울이기가 어려워진다. 이처럼 감정을 억누르면 정작 집중해야 할 일에 집중할 수 없게 된다.

어른이 되어서도 마찬가지다. 자신의 감정을 제대로 처리하기는 커녕 꾹꾹 눌러 뚜껑을 닫아버리기 일쑤다. 이들은 자신뿐만 아니라 다른 사람의 감정에도 불편함을 느낀다. 하지만 마구잡이로 눌러버린 감정은 어떤 형태로든 새어 나오기 마련이다. 억눌린 감정은 어디로도 사라지지 않고 오히려 눌린 상태에서 덩치를 키워간다. 덩치를 키운 감정이 그것을 억누르는 압력보다 커지면 어느 순간 "이래도 안 봐줄 거야?"라는 듯이 강력한 힘을 가지고 밖으로 분출된다. 무언가를 억압하면 근육이 긴장되고 호흡이 불규칙해지는 경향이 있다. 어린 시절 나의 아버지는 선비라고 불릴 정도로 과묵한 분이었다. 하루 내내 한두 마디만 할 정도로 엄격하고 진지했다. 무뚝뚝하지만 간혹 일그러지는 표정이 내가 기억하는 아버지의 전부다. 그런 아버지가 술을 드시면 무너진 둑처럼 묵은 감정들을 줄줄 흘려내시곤 했다. 술에 취해 소리 내서 우는 아버지를 보면서 낯설고 무서웠던 기억이 여전히 내 머릿속에 또렷하다.

방임형 엄마

상황 A: "괜찮아. 화낼 수도 있지. 크면서 철들겠지, 뭐."

상황 B: "그래, 울고 싶으면 울어야지. 마음껏 울어. 울면 나
아질 거야."

방임형 엄마들은 부정적인 감정도 허용하고 적극적으로 격려한다. 이 유형은 감정을 모조리 분출해야 한다고 믿는다. 그래서 가능한 한 아이의 모든 감정을 받아준다. 하지만 감정을 어떻게 다루어야 하는지, 즉 화가 날 때는 어떻게 대처해야 하고, 슬플 때는 또 어떻게 대처해야 하는지는 알려주지 않는다. 말 그대로 아이의 감정을 방임한다. 방임형 엄마 밑에서 자란 아이들은 가령 선생님에게 화가 나고 억울함을 느낄 때 수업 시간 내내 억울함을 온몸으로 표현한다. 수업 중간에 딴지를 걸거나, 선생님을 앵무새처럼 따라 하거나, 의자를 발로 툭툭 차는 등 선생님의 제지에도 아랑곳하지 않는다. 이 아이에게는 그 어떤 것도 자신의 감정만큼 중요하지 않다. 이들은 감정뿐 아니라 감정적으로 행동하는 것도 괜찮다고 여긴다. 흥분하거나 화가 날 때 스스로 진정하는 법을 배우지 못했기 때문에 감정에 따른 적절한 행동 지침을 모른다. 그래서 사회적으로 용납되거나 약속된 경계를 막무가내로 넘어가기도 한다.

어른이 되어서도 마찬가지다. 이들은 자신의 감정을 아무렇게나 내버려둔다. 때와 장소를 가리지 않고 감정을 토해내거나 감정적으로 행동한다. 지인의 어머니가 돌아가셔서 상갓집에 갔을 때의 일이다. 입구에 들어서자마자 병원 영안실 천장을 뚫을 것 같은 울부짖음이 들려왔다. 60세쯤 되어 보이는 조문객이 바닥에 드러누워 통곡하고 있었다. 주위의 만류에도 발을 구르며 울음을 그치지 않았다. 급기야는 고래고래 고함을 지르며 벽을 치고 머리를 바닥에 찧으며 통곡의 수위를 높여갔다. 지나는 사람마다 힐끗거리며 보는데도 전혀 개의치 않았다. 슬픔과 애도의 감정을 표현하는 방법을 배우지 못한 어른의 모습이었다.

감정코칭형 엄마

> 상황 A: "네 마음대로 되는 일이 없다는 생각이 들어서 화가 많이 났구나. 음, 그럴 수도 있어. 누구라도 그 상황이라면 화가 나는 게 당연해."

> 상황 B: "우리 이준이, 많이 속상한가 보네. 우는 걸 보니 엄마도 마음이 아파. 어떻게 하면 좀 기분이 나아질까?"

감정코칭형 엄마는 아이의 부정적인 감정이 아이를 이해하기 좋은 기회, 나아가 아이에게 공감해줄 좋은 기회라고 여긴다. 이들은 아이의 모든 감정은 수용을 해주되, 감정적으로 행동하지 않도록 지도한다. 또한 옳고 그른 행동에 대한 명확한 한계를 설정해준다. 무엇보다 아이의 감정을 잘 들어주고 공감한다.

감정코칭을 받은 아이들은 자신의 감정은 소중하고 믿을 만하다고 배운다. 다양한 감정의 이름을 알고 적절하게 감정을 표현할 수 있을 뿐 아니라 자신이 왜 그렇게 느끼는지를 이해한다. 자기뿐만 아니라 다른 사람의 감정이나 상황에 대해서도 이해하려고 애쓴다. 무엇보다 감정과 행동을 분리할 줄 안다.

어른이 되어서도 마찬가지다. 이들은 자신의 감정을 자연스러운 현상이라 여기며 편안하게 받아들인다. 감정이 보내는 신호에 귀를 기울이면서 지금 자신이 무엇을 원하는지, 자신에게 필요한 게 무엇인지 알고자 한다. 나아가 자신의 욕구를 적절하게 충족하고자 노력한다. 이들은 감정과 행동은 엄연히 다르다는 걸 알기 때문에 감정은 수용하되, 행동은 선택하고자 한다.

이처럼 엄마의 초감정은 아이가 자신만의 특정한 정서적 지도를 만드는 데 밑그림이 된다. 부모와 자녀는 얼굴 생김새만 닮는 게 아니라 마음 생김새도 닮아간다. 부모와의 관계를 통해서 아이는 부지불식간에 감정을 다루는 방식을 터득한다. 이로써 감정은 세대를 이어 대물림된다.

존 가트맨에 의하면 엄마의 초감정은 엄마가 처한 문화와 환경적 요소에 더해 어린 시절 양육자와의 상호작용 과정에서 만들어진다. 대개 무의식적인 반응이다 보니 알아차리기가 어려운 측면도 있다. 자녀의 감정에 반응하는 것은 '지금의 나'가 아니라 어쩌면 '어린 시절의 나'일 확률이 높다. 따라서 엄마는 자신의 초감정에 대해서 잘 알아야 한다.

감정 쓰레기통이 될 것인가?
감정 컨테이너가 될 것인가?

아이들은 자신의 감정을 어떻게 처리해야 할지 몰라 주로 자신과 가장 가까운 엄마에게 던져버린다. 이는 타인이 나의 감정을 대신 느끼도록 감정을 전가하는 방법이다.

> 엄마의 역할은 컨테이너container다. 아이의 감정을 '담아주는' 엄마의 역할로 인해 아이는 자신의 감정을 알고 경험할 수 있게 된다. 엄마는 이런 식으로 아이의 긴장과 불안, 혼란을 담아주고 아이가 감당할 만한 것으로 되돌려준다.

아동 정신분석으로 유명한 오스트리아 태생의 영국 정신분석학자 멜라니 클라인Melanie Klein의 말이다. 엄마는 아이의 감정을 담고 있는 감정 컨테이너여야 한다. 감정 쓰레기통이 되어서는 안 된다. 감정 쓰레기통이 처리하기 어렵고 버거운 감정을 쑤셔 넣고 뚜

껍을 밀봉해버리는 것이라면, 감정 컨테이너는 아이의 감정을 엄마가 잠시 보관하며 중화시켜 처리해주는 것을 말한다. 엄마 안에 정서적 처리 공간이 있어야 컨테이너 기능을 하는 일이 가능하다. 만약 엄마 내면에 엄마 자신의 처리되지 못한 감정들로 이미 꽉 차 있다면, 컨테이너 기능을 할 수 있기는커녕 냄새나는 쓰레기통에 불과하다. 오히려 엄마의 감정에 아이의 감정이 뒤섞이면서 두 사람의 관계는 악화일로를 걸을 확률이 높다. 따라서 엄마 자신의 감정을 축소하고 억압하고 방임해서는 안 된다. 감정을 있는 그대로 직면하고 받아들여야 하며 제때 적절히 처리해야 한다. 언제나 엄마의 감정을 돌보는 것이 먼저다.

엄마가 컨테이너 기능을 제대로 수행하면, 아이는 감정을 처리하는 법을 배울 수 있다. 특히 10대 아이들은 자신의 감정을 어찌할 줄 몰라 마치 뜨거운 감자를 던지듯 엄마에게 던진다. 그들에게는 가장 신뢰할 만하고 안전한 대상이 바로 엄마이기 때문이다. 이때 엄마는 당황하지 않고 잠시만 아이가 던진 감정을 안고 있다가, 아이가 감당할 만한 수준으로 매만져 돌려주면 된다.

"넌 별일도 아닌 일에 그렇게 화를 내니? 누굴 닮아서 성질머리가 그따위인 거야? 너 때문에 되는 일이 없어." → 감정 쓰레기통

"뭔가 안 좋은 일이 있었던 모양이구나. 무슨 일인지 엄마한
테 말해볼래?" → 감정 컨테이너

엄마가 감정 쓰레기통이 되지 않기 위해서는 아이의 감정을 두
려워해서는 안 된다. 또한 아이의 감정이 엄마의 감정이 되어서도
안 된다. 아이의 감정은 아이의 몫이다. 우리는 각자의 감정을 책
임지는 방법을 배워야만 한다. 엄마는 아이가 자신의 감정을 스스
로 책임질 수 있도록 가르쳐줘야 한다. 다만 아이가 감당하기 어려
워하는 감정은 그 크기를 잘게 잘라서 아이가 소화할 만한 수준으
로 돌려줄 필요가 있다. 마치 어린아이에게 음식을 먹일 때 잘게
나눠서 주는 것과 같은 이치다. 엄마와 아이가 감정을 감당하는 수
준은 다르기 때문이다.

엄마의
내면아이
연습장

화 일지

아래의 화 일지는 화가 날 때마다 기록합니다. 화가 나는 순간이 아니라
화가 지나가고 나서 어느 정도 편안해졌다면 그때 작업하세요. 화가 난 순
간에는 이성적인 사고가 불가능합니다. 화가 몰아친 다음, 어느 정도 감정
이 가라앉으면, 그때 차분히 자리를 잡고 앉아서 아래의 화 일지를 작성해
봅니다. 이때 최대한 자세하게 작성하는 것이 중요합니다. 또한 화 일지는
한 번의 작성으로 그치지 않고 꾸준히 작업해야 효과적입니다.

※ 아래의 예시를 참고해서 작성해보세요.

날짜	2023년 5월 2일
화난 상황을 최대한 구체적으로 적어보세요.	가족이 모두 식사를 하는 자리에서 남편이, "야! 물 좀 줘!"라고 명령조로 말했다.
화난 상태에서의 나의 행동은 어땠었나요?	인상을 찌푸리고 구시렁대면서 물을 떠서 식탁에 탁 소리가 나게 건넸다.
그때 떠오른 생각을 기억 나는 대로 적어보세요.	남편은 제멋대로다. 나를 부인으로 대하는 게 아니라 하인처럼 취급한다. 아이들이 대체 엄마를 어떻게 볼까?
결과적으로 상황은 어떻게 마무리되었나요?	나만 화나고 속 터진 채 끝났다. 나를 뺀 가족 모두는 아무렇지 않은 듯하다. 가슴 한쪽이 막힌 것처럼 답답하고 터질 것 같다.
내가 바라는 것은 무엇이었나요?	부인으로서 존중받고 싶다. 남편이 나를 동등한 어른으로 대우해주었으면 좋겠다.

날짜	
화난 상황을 최대한 구체적으로 적어보세요.	
화난 상태에서의 나의 행동은 어땠었나요?	
그때 떠오른 생각을 기억나는 대로 적어보세요.	
결과적으로 상황은 어떻게 마무리되었나요?	
내가 바라는 것은 무엇이었나요?	

2장

애착, 한 번도
들어보지 못해서
해줄 수 없는 말

문제 엄마는
없다

당신은 살아오면서 정서적으로 지지받았는가?

성장 과정에서 함께 있으면 안전하다고 느낀 사람이 있었는가?

우리는 저마다 특유의 강점과 취약함을 지닌 채 이 세상에 첫발을 내딛는다. 어릴 때는 신체적, 감정적, 환경적 도전을 스스로 감당하는 데 필요한 고등 신경 장치를 갖추고 있지 않다. 대신 살아남으려면 누군가의 지속적이고 희생적인 돌봄이 절대적으로 필요하다. 따라서 생애 첫 번째 과제가 '나를 돌봐주는 대상에게 적응하는 것'은 지극히 당연한 일이다. 그리고 그 대상은 반드시 아이보다 더 강하고 더 현명한 사람이어야만 한다.

세상에 문제 엄마는 없다

'문제 엄마'란 과연 존재할까? 이 질문에 열에 아홉은 '그렇다'라고 답한다. 아이를 사랑하지 않는 엄마를 전형적인 문제 엄마라고 말한다. 이에 더해 아이를 제대로 돌보지 않는 엄마와 아이에게 화를 내는 엄마도 문제 엄마라고 손가락질한다. 때로는 스스로를 문제 엄마라고 단정 짓고 자책하고 자괴감에 빠져드는 엄마들도 있다. 이런 부정적인 감정은 엄마 역할을 수행하는 데에 하나도 도움이 되지 않음에도 불구하고 말이다. 사실 엄밀히 말한다면 문제 엄마는 없다. 다만 상처받은 엄마, 마음이 아픈 엄마가 있을 뿐이다.

인간은 누구나 인간이라는 자체만으로도 존엄한 존재다. 인간 존재는 어떤 경우라도 수단이 되어서는 안 된다. 존재 자체가 목적이 되어야 한다. 우리의 타고난 존엄성을 실현하려면 태어나면서부터 자기 존재가 있는 그대로도 괜찮다는 확인이 절실히 필요하다. 안타깝게도 단 한 번도 괜찮다는 메시지를 받지 못해서 불안하고 두려웠던 엄마들이 세상에는 너무나 많다. 그들은 스스로 문제 엄마라고 자책하며 양육 과정을 고통스럽게 받아들인다.

엄마의 심리적, 정서적 에너지가 온통 자기 자신을 향할 때 자녀는 소외되고 방치된다. 존재 자체가 엄마의 눈에 띄지 못한 채 안심하고 지낼 곳조차 없다면, 아이의 건강한 성장은 기대할 수 없다. 엄마가 이 사실을 제대로 알지 못할 때, 즉 자신의 내면을 들여다보지 않을 때 문제가 발생한다. 자신의 상처와 취약함을 애꿎은 아이에게 '옮겨놓고서'는 왜 제대로 하지 못하냐고 다그치게 된다. 이들은 아이들을 짐스럽고 달갑지 않은 존재로 여긴다. 사랑받고 돌봄을 받아야 할 아이는 그렇게 다시 희생자가 되고, 상처는 반복된다. 우리는 자신이 돌봄을 받은 방식으로 스스로 돌보는 것은 물론이고 자녀 또한 같은 방식으로 돌본다. 따라서 엄마가 된 이상 우리는 어린 시절 부모와의 관계를 되돌아볼 필요가 있다. 주 양육자와의 정서적 유대는 어른이 된 지금 경험하는 모든 관계 역학의 기반이 되기 때문이다.

엄마는
아이의 안전한 피난처

　결혼 13년 차 영희 씨에게는 초등학교 2학년 딸이 있다. 직장에서는 큰 문제없이 일을 처리하는 그녀이지만 집에만 들어오면 바보가 되는 느낌이다. 영희 씨는 딸과 함께 하는 시간이 너무 불편하다. 딸이 자신에게 매달리거나 애교를 부리면 예뻐 보이는 게 아니라 이기적이라는 생각이 먼저 든다. 딸이 막무가내로 고집을 피울 때는 화를 주체하지 못해서 때린 적도 있다. 그녀에게 특히 어려운 것은 딸을 살갑게 안아주는 일이다. 잠들기 전 안아달라고 징징대는 딸이 정말이지 싫다. 내 딸이지만 살이 닿는 느낌이 끔찍이 싫다. 가끔은 '내가 미친 건가?'라는 생각이 들 때도 있다.

　영희 씨에게는 뇌 한구석에 박혀 욱신거리는 기억 한 조각이 있다. 그녀가 다섯 살 때의 일이다. 영희 씨는 이혼한 엄마와 외할머니와 셋이서 살고 있었다. 엄마는 일을 나가면 저녁 늦게야 돌아오곤 했다. 외할머니도 끼니만 챙겨줄 뿐 집안일과 밭일로 늘 바빴다. 어린 영희는 언제나 텅 빈 집에서 혼자 노는 날이 많았다. 하루는 엄마가 어쩐 일인지 평소보다 일찍 들어왔다. 안방에 누워서 TV를 보던 엄마의 뒷모습이 너무나 반가워서 엄마에게 달려가 뒤에서 꽉 끌어안았다. 그 순간 엄마는 "저리 가! 귀찮아"라고 날카로운 목소리로 말하며 매섭게 어린 영희를 밀쳤다. 영희 씨는 그때 얼음장처럼 차가웠던 엄마의 손길을 잊을 수가 없다.

엄마는 아이의 안전기지여야 한다

새롭고 낯선 곳에 들어가면 대부분의 아이들은 엄마 등 뒤에 찰싹 달라붙거나 엄마의 옷자락을 꽉 붙잡고 놔주지 않는다. 이는 위험으로부터 자신을 보호하고자 하는 최소한의 행동이다. 이처럼 누군가에게 달라붙으려 하는 행동을 심리학자 존 볼비John Bowlby는 애착attachment이라 불렀다. 영화 〈사운드 오브 뮤직〉에는 천둥 번개가 치는 순간, 약속이라도 한 듯 아이들이 모두 마리아에게 달려가는 장면이 나온다. 부모교육 전문가로서 나는 이 장면이 무척 인상 깊었다. 아이들은 위험을 감지하는 순간, 애착 대상에게 달려간다.

애착이 중요한 이유는 '안전한 느낌' 때문이며, 아이에게 애착 대상은 '안전한 피난처safe heaven'이다. 성장 중인 모든 아이의 실질적이고 장기적인 목표는 내면에서 안전감을 찾는 일이다. 뭐든 독립적으로 해보기 위해서는, 적어도 다른 사람에게 의지하지 않고도 혼자서 헤쳐 나갈 수 있다는 믿음이 전제되어야 한다. 히말라야를 등반하기 위해서는 안전기지가 확보되어야 한다. 마찬가지로 어린 아이에게 애착 대상은 세상을 탐색하고 탐험하기 위한 '안전기지secure base'와 같다. 애착이 안정적으로 형성되었을 때, 비로소 아이는 세상을 마음껏 탐험하고 탐색할 수 있다.

하지만 그저 함께 있는 것만으로는 애착을 형성하기에 부족하다. 아이에게는 사회적 지지도 절대적으로 필요하다. 다른 사람들에게 자신이 인식되고 있으며, 그들의 생각과 마음속에 자신이 존재한다는 느낌을 받아야만 한다. 이렇게 연결이 될 때 비로소 안전하다고 느낀다. 어린 영희가 엄마에게 달려가 안기려 했던 것은 엄마를 귀찮게 하려는 의도가 아니었다. 그것은 아이에게 생존 전략이다. 엄마가 영희 씨를 차갑게 밀어낸 순간, 어린 영희와 세상이 이어지는 통로는 막혀버린 셈이다.

어른이라고 해서 다르지 않다. 불안과 두려움이라는 감정은 어른과 아이를 구분하지 않는다. 다 큰 성인도 자신의 애착 대상으로부터 지지를 받지 못하면 부정적인 감정을 경험한다. 이처럼 애착

은 어린 시절에 한정된 것이 아니라 성장하는 내내 지속적으로 채
워져야 하는 욕구다.

일차적 애착과 이차적 애착

아이들은 생물학적으로 일차적 애착을 추구하도록 프로그램화
되었다. 아이가 공포를 느낄 때 엄마가 정서적으로 조율해주면, 아
이는 엄마를 안전한 피난처로 여긴다. 이때 엄마는 아이가 세상을
자율적으로 탐험할 수 있게 해주는 안전기지가 된다. 하지만 만약
엄마가 아이의 감정적 신호들을 거부하거나 무시한다면 아이들은
일차적 애착 전략이 소용없다는 것을 배운다. 이런 아이들이 불안
한 상황에 대처하기 위해서는 또 다른 노력이 필요하다. 즉, 이차
적 애착 전략이 필요하다. 예를 들어 자신이 아무리 울어도 엄마
의 관심을 끌 수 없다면, 울음이라는 애착 전략은 더는 소용이 없
다. 그렇다면 아이는 이 전략을 버리고 또 다른 전략, '울지 않기'나
'짜증 부리기' 등의 이차적 전략을 찾아내게 된다. 살아남기 위해
서 오랫동안 구축해온 이차적 애착 전략들은 머리카락에 들러붙은
껌처럼 잘 떼어지지 않는다.
존 볼비는 "엄마와 소통할 수 없으면 자기 자신과도 소통할 수

없다"라고 말했다. 한 인간으로서 효과적으로 기능하며 살아가기 위해서는 세상과 자신에 대한 지식이 필요하고, 이런 지식은 대부분 과거의 경험으로부터 누적된다. 애착은 평생에 걸쳐 개인의 행동 특성이나 성향에 크게 영향을 미친다. 안정적으로 애착이 형성된다면 개방적이고 융통성 있게 생각하고 느끼고 행동할 수 있다. 반대로 어린 시절 신체적, 정서적으로 안전하지 못한 환경에서 자랐다면, 이후 어른이 되어서도 개인의 역량을 충분히 발휘하기 어렵다. 엄마는 아이에게 세상으로 이어지는 다리와 같다. 아이는 엄마를 통해 세상을 배운다. 다리의 상태를 결정짓는 것은 엄마와의 애착이다. 만약 출렁다리 수준이라면 바람이 조금만 불어도 한 걸음조차 떼기가 힘겹다. 살아가는 매 순간이 망설여지고 두려울 수밖에 없다.

애착은 정서 조절의 열쇠

애착은 정서 조절과도 밀접한 관련이 있다. 가정은 생애 전반에 걸쳐 효과적으로 정서 조절을 학습하는 장이다. 애착을 통해 아이는 어떻게 해야 기분이 좋아지는지, 어떻게 하면 기분이 나빠지는지를 알아간다. 그리고 양육자와의 상호작용을 통해 자신의 감정을 효과적으로 다루는 법을 배운다. 이렇게 안정적으로 애착이 형성되면 자신이 사랑받을 만한 존재이며 유능하다는 감각이 자연스럽게 마음에 새겨진다. 따라서 아이가 자신의 역량을 최대한 발휘하고 가치를 실현하려면 차분한 정서적 에너지로 둘러싸인 환경이 필요하다.

《애착과 심리치료》의 저자 데이비드 월린David Wallin은 정서와 관련해서 아이들은 발달 과정에서 다음의 세 가지를 반드시 배워야 한다고 말했다.

첫째, 자기의 느낌을 솔직하게 표현하는 것이 자기 자신에게 긍정적인 느낌을 줄 수 있다는 걸 배워야 한다. 우리는 자신을 솔직하게 표현하는 것을 어려워한다. 마치 전장에서 갑옷을 벗는 것처럼 느낀다.

다음은 부부가 함께 참여하는 교육에서 만난 윤경 씨의 하소연이다.

"남편은 회사 일이 아무리 힘들어도 집에서는 절대 내색을 안 해요. 그냥 별일 아니라고만 하는데 남편의 그 말이 저한테는 마치 벽처럼 느껴져요."

그녀의 이런 하소연에 남편 지석 씨는 무표정한 모습으로 덤덤하게 대답한다.

"저 하나 견디면 그만인데, 굳이 다른 사람까지 힘들게 만들 필요가 있을까요?"

지석 씨가 기억하는 한 아주 어릴 때부터 감정을 드러내서 괜찮았던 적이 단 한 번도 없었다. 그의 부모는 모두 초등학교 교사였고 누구보다 엄격하고 냉정했다. 특히 감정적 연약함을 허락하지 않았다. 어릴 때도 친구와 싸우고 울면서 들어오면 오히려 더 야단을 쳤다. "사내자식이 왜 징징거리고 우는 거야! 뚝 그치지 못해? 그렇게 나약하게 구니까 친구들이 너를 함부로 대하는 거 아냐!! 못난 놈 같으니라고." 어린 지석이 자신의 감정을 꺼내놓기도 전에 아버지의 일그러진 얼굴과 호되게 꾸짖는 말들이 이어졌다. 어린 지석은 감정이란 겉으로 드러낼 때보다 혼자서 삼켜버릴 때 가장 안전하게 처리된다고 믿으며 자랐다.

하지만 부부 교육에서 자신의 연약한 속마음을 표현하고 윤경 씨의 위로를 받는 순간 그는 울음을 터뜨렸다. 수십 년간 심장을 짓눌러왔던 감정을 꺼내기까지 자그마치 40년의 세월이 흘렀다. 지석 씨는 바위 같았던 감정이 깃털처럼 가벼워질 수 있다는 사실에 놀랐다. 어떤 감정이라도 표현하는 순간 후련해진다는 사실과 누군가로부터 위로받고 공감을 받을 때 정서적으로 단단하게 연결된다는 사실을 비로소 깨달았다. 혼자가 아니라는 사실이 무엇보다 든든하고 고마웠다. 물론 그가 감정을 자연스럽게 표현하는 데까지는 더 오랜 시간이 걸릴 수도 있다. 하지만 그는 목에 걸린 가시가 빠진 느낌이라고 말했다.

둘째, 자신이 타인에게 정서적으로 영향을 줄 수 있다는 것을 배워야 한다. 이런 경험을 통해 아이는 자기 주도성에 대한 감각을 키운다. 아이가 학교에서 언짢은 일을 겪었다. 학교에서는 감정을 꾹꾹 눌렀다가 집에 오자마자 엄마에게 감정 주머니를 터뜨렸다. 하지만 엄마가 도무지 반응을 안 한다. 이럴 때 아이는 달걀로 바위 치기를 하는 것처럼 무력감을 느낀다. 달걀 대신 감정이 산산이 깨진다는 것만 다를 뿐이다. 자신의 감정을 어떻게 처리해야 하는지를 알 수가 없다. 감정은 의도하든 의도하지 않던 그것을 주고받은 상호간에 모두 영향을 미친다. 하물며 일면식이 없는 사람이라도 누군가 지하철에서 욕을 하며 고래고래 소리를 지르면, 주위 사람들은 위축되거나 화가 나기 마련이다. 모르는 사이에서도 이런데 엄마와 자녀 관계라면 말할 것도 없다. 엄마의 감정은 공기 중에 전파되는 바이러스처럼 아이에게 고스란히 전염된다. 툭하면 화가 폭발하는 엄마와 한집에 사는 건 사자 우리 안에서 자라는 것과 같다. 엄마에게 무시당하거나 수용되지 못한 감정은 불청객이 되어 아이를 안절부절못하게 한다. 따라서 엄마는 아이의 감정에 적절히 반응해줘야 한다. 엄마와의 감정 조율을 통해 아이는 정서적 능력뿐 아니라 자기 주도성을 기른다.

셋째, 특정한 감정들이 특정한 반응을 초래한다는 것을 배워야 한다. 엄마는 아이가 자기 안의 느낌들을 서로 구별하고 언어로 표현할 수 있도록 도와야 한다. 무엇보다 아이는 자신의 감정과 행동을 분리할 수 있어야 한다. 엄마가 아이의 감정을 수용하고 적절하게 반응해주면, 아이는 자신의 감정을 삶의 일부분으로 자연스럽게 대한다. 배가 고프고 갈증이 나는 게 지극히 자연스럽다는 것을 알아야만, 그에 맞는 대처도 할 수 있다. 비단 생리적인 욕구뿐만이 아니다. 우리는 정서적인 욕구 또한 자연스럽게 받아들여야 한다. 나아가 각각의 정서에 어떻게 반응하고 행동해야 하는지를 반드시 배워야 한다. 즉, 화가 날 때는 어떻게 행동해야 하는지, 슬프고 막막할 때는 어떻게 위로를 구할지 등에 대해 적절한 교육과 훈련을 받아야 한다. 이를 제때 제대로 배우지 못하면, 노상 방뇨를 하거나 침을 뱉는 것처럼 아무 때나 감정을 마구 휘두르거나 토해낸다. 그리고 아이의 정서 조절은 애착 과정을 통해 전반적으로 이루어진다.

엄마의 애착은
현재진행형

　우리는 흔히 애착을 어린아이의 전유물로 취급한다. 하지만 애착은 평생에 걸쳐 지속한다. 사회적 동물인 인간에게 정서적 유대는 생존과 적응에 있어서 필수적 요소다. 이는 어른이라고 해서 예외가 아니다. 애착은 마치 뿌리와 같다. 나무는 뿌리를 깊고 튼튼하게 내려야만 정상적으로 성장할 수 있다. 뿌리가 너무 얕으면, 건강하고 바람직한 성장을 기대할 수 없다. 바람이 조금만 거칠게 불어도 뽑혀나가기 십상이다. 어른이 된 지금 심리적으로 불안정하거나 혹은 관계에서 문제를 겪고 있다면 나의 뿌리를 살펴보아야 하는 이유다.

성인 애착 연구로 유명한 심리학자 메리 메인Mary Main은 아동기 때 형성된 애착이 세대 간에 이어진다는 사실을 발견했다. 그녀는 아이의 애착 유형을 통해 이들이 성인이 되었을 때 어떤 애착 유형의 부모가 될지를 예측할 수 있다고 보았다. 따라서 엄마는 자신의 애착 수준을 점검해봐야 한다. 엄마 자신의 어린 시절 양육 환경은 어땠는가? 엄마의 엄마와의 관계는 어땠는가? 이와 더불어 엄마 자신의 애착 수준이 현재 아이와의 관계에 미치는 영향까지도 앞으로 설명하는 내용을 토대로 살펴보길 바란다.

1964년 볼티모어에서 진행된, 심리학자 메리 에인스워스Mary Ainsworth의 '낯선 상황 실험'은 애착에 대한 실험으로 아주 유명하다. 장난감이 많은 작은 방에 엄마와 유아가 입장한다. 이후 낯선 사람이 들어온다. 낯선 사람만 남겨두고 엄마가 방을 나간다. 일정 시간이 지난 뒤 나갔던 엄마가 방으로 돌아온다. 이 실험에서 유아들의 반응은 각기 다르게 나타났다. 이를 통해 에인스워스는 안정 애착과 불안정 애착을 구분해냈다.

안정 애착

이 글을 쓰는 중에 강연 의뢰 전화를 받았다. 경기도에 소재한 모 고등학교 선생님이다. 퇴근한 시간이라 전화기 너머로 어린아이들의 소리가 마치 영화관 서라운드처럼 들려왔다. 우당탕! 쿵쾅!! 그야말로 총체적 난국인 상황이다. "제가 세 아이를 키우고 있어서요. 지금 아이들이 거실 소파에서 난리가 났네요." 아이들의 '작은 전쟁' 상황을 알리는 목소리치고는 전화기 너머로 들리는 선생님의 목소리는 더없이 평온하고 차분했다. 대체로 이런 상황이라면 "조용히 좀 해라! 엄마 전화 중이잖아!"라고 소리를 지를 법도 한데 신기했다.

"어떻게 그렇게 차분하실 수 있는지 궁금해요."

"아이들이 서로 의견이 맞지 않아서 언성이 높아진 건데요. 아이들은 저렇게 자기를 표현하고 주장하면서 그 과정에서 서로 조율을 하는 거잖아요. 저렇게 싸우다가도 금방 화기애애해지거든요. 하하."

아이들의 발달 과정을 있는 그대로 수용하고 의연하게 대처하는 모습이 인상 깊었다. 비록 짧은 통화였지만 선생님의 안정되고 따뜻한 목소리를 통해 아이의 성장을 신뢰하고 편안하게 바라봐줄 수 있는 포용력이 고스란히 전해졌다. 아이들도 그들끼리 과격하게 의견을 주고받았을 뿐, 누구도 엄마의 통화를 방해하지 않았다. 무엇보다 아이들을 돌봐주시는 친정어머니에 대한 깊은 신뢰가 느껴졌다. 어쩌면 이 선생님 또한 어린 시절 사랑받으며 자라지 않았을까 미루어 짐작해본다.

안정 애착은 아이가 보내는 신호를 엄마가 민감하게 감지하고 적절하게 반응할 때 형성된다. 안정 애착 유형의 엄마들은 아이와 정서적으로 연결되어 있다. 에인스워스의 낯선 상황 실험에서도 안정 애착 유형의 아이들은 장난감을 갖고 놀다가도 가끔씩 엄마를 바라보며 미소를 짓는다. 엄마가 다시 돌아왔을 때, 아이들은 곧바로 엄마에게 달려가 안긴다. 이들은 엄마가 진정시켜주고 안심시켜주면 정서적으로 회복되어 다시 장난감으로 시선을 돌린다.

안정 애착 형성을 위해 엄마가 완벽할 필요는 없다. 영국 발달심리학자 도널드 위니컷Donald Winnicott이 말하는 '그만하면 좋은good-enough' 방식이면 충분하다. 대다수 엄마는 이미 아이와 충분히 조율할 줄 안다. 낯선 상황 실험에서도 절반이 넘는 62퍼센트가량이 안정 애착 유형에 속했다. '그만하면 좋은 엄마'가 되기 위해서 특별한 재능이 필요한 것은 아니다. 엄마 안에는 이미 애착 형성을 위해 필요한 모든 자원이 갖춰져 있다. 다만 아이가 보내는 감정적 신호를 민감하게 알아차리고 적절하게 반응해주면 된다. 거절하고 거부하기보다는 아이의 있는 그대로 수용한다. 그리고 아이를 통제하려 하지 않는다. 대신 그들의 자발성을 독려하고 언제나 늘 감정적으로 함께한다.

안정적으로 애착이 형성된 아이는 자라서 '안정적이고 자율적인 엄마'가 된다. 이들은 아이의 느낌과 욕구를 재빨리 알아차리고 적절하게 반응해준다. 대체로 예측할 수 있고 양육 태도가 일관적인 엄마들이다. 그들은 사려 깊고 감정에 휘둘리지 않는다. 대신 아이의 모든 감정에 항상 열려 있다. 그리고 이들은 자신들의 경험을 객관적으로 성찰한다.

불안정 애착 – 회피형 애착

"저는 아이가 참 싫어요. 자다가 제 침대로 들어오기라도 하면 소스라치게 놀라서 아이를 밀친 적도 있어요. 특히 운전할 때 조수석에는 아이를 절대 못 앉게 합니다. 바로 옆에서 느껴지는 아이의 숨소리가 신경 쓰이고 불편해서 운전에 방해가 되거든요. 그래서 운전할 때는 늘 아이 둘을 뒷좌석에 앉힙니다. 공부를 가르치거나 훈육을 하는 건 그렇게 어렵지 않은데, 살갑게 정서적 친밀감을 표현하는 건 왜 이렇게 어렵게만 느껴질까요? 제가 이상한 엄마인 거죠?"

영란 씨의 말이다. 영란 씨의 어린 시절은 온통 차갑고 냉랭한 기억으로 가득하다. 그녀의 기억 속 엄마는 늘 누워 있거나 혹은 한숨을 쉬고 있다. 그녀는 한 번도 엄마 품속에 와락 안겨본 기억이 없다. 마주 보며 환하게 웃어본 기억도 없다.

"잔뜩 얼어 있는 문고리를 잡으면 손이 쩍 갈라지는 고통이 따르잖아요. 엄마는 제게 그런 느낌이었어요. 살을 파고드는 겨울바람이랄까, 가까이 가기에는 무섭고 냉랭했어요."

불안정 애착은 회피형 애착과 양가적 애착으로 나뉜다. 우선 회피형 애착에 대해 알아보자. 회피형 애착은 정서적으로 단절된 엄마가 아이 혼자서 감정을 헤쳐 나가도록 방임할 때 만들어진다. 이들은 위로와 돌봄을 구하는 아이의 신호를 무시한다. 그에 더해 아이들의 애착 행동에 주로 거부하는 반응을 보인다. 아이에게 감정적인 반응을 해주지 않고 신체적인 접촉을 불편해한다. 이들은 아이가 슬퍼하면 오히려 뒤로 물러난다. 아이는 자신이 아무리 감정을 표현해도 엄마가 반응해주지 않으면 모든 걸 포기한 채 무감각해진다. 자신의 시도들, 즉 감정적 신호가 소용없다는 걸 알고 일찌감치 신호를 줄이거나 차단한다. 정서적 문제를 해결하려고 엄마의 도움을 요청하지 않는 것이다. 대신 엄마와의 의사소통을 실질적으로 억제한다. 어쩌다 엄마가 보이는 애정 어린 표현에도 무관심해진다. 낯선 상황 실험에서도 이 아이들은 엄마에게 눈길을 주는 대신 오로지 장난감에만 집착했다. 엄마뿐 아니라 다른 사람들의 감정적 시도에도 무감각하게 반응했다. 전체의 15퍼센트가량이 이 유형에 해당한다.

회피형 애착 유형의 아이들은 정서를 과하게 조절하는 경향을 보인다. 단지 신호를 차단했을 뿐이지 아이 안의 욕구는 해결되지 않은 채 그대로 남아 있다. 이 유형의 아이들은 내면의 혼란을 어떻게 다스려야 할지 도무지 알지 못한다. 간혹 "우리 애는 손이 전혀 안 가고 알아서 잘 놀아요"라고 자랑하듯이 말하는 엄마들이 있다. 안타깝지만 그것은 자랑할 일이 아니다. 모든 아이는 자라는 과정에서 적절한 손길이 꼭 필요하다. 회피형 애착 유형인 아이는 고통 한가운데 버려져 있는 것과 다름없다.

회피형 애착 유형의 아이가 자라서 어른이 되면, '무시형 엄마'가 될 확률이 높다. 이들은 아이와 신체적이고 감정적인 접촉을 거부한다. 또는 아이를 지나치게 간섭하거나 통제하며 과도하게 자극하기도 한다. 어렸을 때 이들은 무관심한 엄마에게 적응하기 위해 '무시하는 마음 상태', 즉 욕구를 회피하거나 무시하는 법을 터득했다. 어릴 때 차단된 감정적 신호는 자란다고 해서 저절로 켜지지 않는다. 마치 오랫동안 시동을 걸지 않으면 자동차가 방전되는 것과 같다. 결과적으로 아이가 보내는 신호에 민감하게 반응하는 능력까지 손상된다. 그래서 엄마가 된 지금, 이들은 내부나 외부의 애착 관련 단서들을 제대로 알아차리기 어렵다. 이들은 아이와의 대화가 매끄럽지 못하고 자주 막힌다. 이에 더해 대부분 감정이 빠진 소통을 한다.

무언가에 집중하기 위해서는 최소한의 에너지가 필요하다. 만약 엄마가 심리적인 문제를 겪고 있거나 신체적으로 불편한 상태라면, 민감성은 떨어질 수밖에 없다. 많은 연구에 의하면, 성질이 고약하고 참을성 없는 엄마보다도 정서적으로 위축된 엄마가 아이에게 훨씬 더 부정적인 영향을 미치는 것으로 밝혀졌다. 우울한 엄마, 극도로 불안한 엄마에게 아이의 격렬한 울음소리는 백색소음이나 공사장 기계음에 불과하다.

불안정 애착 – 양가형 애착

4~5년 전 만난 민규 엄마 소영 씨는 첫인상이 유난히 기억에 남는 사람이다. 당시 민규는 고등학교 1학년이었다. 소영 씨는 40대라고 믿기 힘든 복장과 머리 스타일을 하고 약속 장소에 나왔다. 어깨에 닿을락 말락 한 머리를 양 갈래로 땋았고 무릎 위 20센티미터는 되어 보일 정도의 짧은 청치마 아래로는 하얀 속바지가 비어져 나와 있었다. 등 뒤로 맨 백팩도 초등학생 여자아이들이 흔히 가지고 다니는 앙증맞은 것이었다. 무엇보다 어린애 같은 말투에 문법적으로 뒤죽박죽인 채 끝없이 이어지는 말이 정말이지 집중해서 들어도 혼란스러울 정도였다.

그녀는 아들과의 관계에서도 도무지 갈피를 잡지 못하고 그때그때 기분에 따라 행동하기 일쑤였다. 기분이 좋으면 수십만 원에 달하는 옷을 선뜻 사주다가도 다음 날 기분이 언짢아지면 아들이 보는 앞에서 가위로 새 옷을 마구 잘라버리기도 했다. 상담 때마다 소영 씨는 아들의 새로운 사진들을 보여주며 얼마나 멋지고 잘생겼는지를 자랑했다. "우리 민규는 어디 가서 아이돌이라고 해도 믿는다니까요."

어린 시절 소영 씨는 변덕스러운 엄마 밑에서 성장했다. 그녀의 엄마는 기분이 좋을 때는 한없이 잘해주다가도 기분이 나쁘면 어린 소영을 때리거나 혹은 '없는 아이'처럼 취급하기도 했다. 소영 씨는 엄마의 기분을 살피는 데에 도가 텄다. 스스로 '눈치 백단'이라고 말할 정도다.

양가형 애착은 '분노하는 아이' 유형과 '수동적인 아이' 유형으로 구분된다. 두 유형 모두 엄마가 어디에 있는지에 과도하게 집착한다. 엄마가 잠시라도 자리를 뜨면 불안에 압도되어 자유롭게 탐험을 하기가 어렵다. 실제로 낯선 상황 실험에서도 이 두 유형의 아이들이 엄마가 사라진 뒤 극도로 불안한 반응을 보여서 실험이 중단되기도 했다. '분노하는 아이' 유형에 속하는 아이들은 낯선 상황에서 엄마가 다시 돌아왔을 때 엄마에게 안기다가도, 엄마가 안으려고 하면 몸을 뒤로 젖히며 울거나 분노를 폭발시켰다. 이들은 다가가기와 거부하기 사이를 오락가락했다. 반면에 '수동적인 아이' 유형에 속하는 아이들은 무력하게 수동적인 상태에 빠진다. 엄마에게 자신을 위로해달라고 그저 미약하게 요청하는 정도에 그쳤다.

양가형 애착 유형에 속하는 아이들은 감정적 표현을 증폭시키거나 과도하게 애정을 갈구하는 경향이 있다. 이들은 대체로 달래기가 상당히 어렵다. 양가형 애착 유형은 전체의 9퍼센트 정도를 차지한다. 양가형 애착 유형은 아이의 욕구와 엄마의 관심이 일치하지 않아서 생긴다. 이때 엄마의 관심은 아이가 아닌 엄마 자신의 불안정한 내면에 주로 쏠려 있다. 즉, 엄마의 마음에 따라 반응이 오락가락한다. 그렇다 보니 아이가 보내는 신호에 일관적으로 반응하기가 어렵다. 일관성은 애착 형성 과정에서 아주 중요한 자질이다. 자신이 보내는 신호에 엄마가 간헐적으로 반응을 한다면, 아이는 언제 자신의 신호가 수용되는지 예측이 불가하다. 따라서 엄마의 변덕스러운 관심을 끌어내기 위해 아이는 끊임없이 신호를 보내야만 한다. 양가형 애착 유형에 속하는 아이들의 주된 전략은 과잉 활성화다. 이들은 대체로 감정 조절 능력이 낮다. 이 아이들은 실험 내내 불안감을 이기지 못해서 엄마 곁을 떠나려고 하지 않았다. 장난감은 안중에도 없고 오로지 엄마에게 집착하는 '엄마 바라기'다.

양가형 애착 유형에 속했던 아이는 '집착형 엄마'가 될 가능성이 농후하다. 이들은 아이의 고통에 공감해주고 반응해줄 수는 있지만, 적절하게 다뤄주지는 못한다. 자신의 감정에 휩쓸린 나머지 현재 일어나는 일들을 제대로 성찰하기엔 역부족이다. 이 엄마들의 마음속 깊숙한 곳에는 유기될 것만 같은 불안과 아무것도 제대로 할 수 없다는 무력감이 깔려 있다. 이러한 엄마의 두려움은 자녀의 자율성을 가로막는다. 엄마 내면의 두려움은 주로 아이에게 집착하는 식으로 나타난다. 이들은 대체로 고통스러운 감정에 취약하다. 이들은 어린 시절 감정을 적절히 조절하고 통제하는 능력을 익히지 못했다. 어릴 때 엄마가 자신의 욕구에 맞춰 일관성 있게 반응해주지 않았기 때문이다. 따라서 성인이 되어서도 자유롭고 개방적으로 자신을 성찰하는 대신 주로 감정을 증폭시키거나 과도하게 표현한다. 이런 집착형 엄마의 과잉 활성화 전략은 그들의 자녀들에게도 무방비로 전염된다.

불안정 애착 - 혼란형 애착

모 복지관에서 강의할 때였다. 엄마들이 부모교육 강의를 듣는 동안 아이들은 별도의 공간에서 놀이 수업을 했다. 교육이 끝나고 아이들이 부모에게로 돌아올 때였다. 네 살 하영이가 유독 눈에 들어왔다. 다른 아이들과 함께 강의실로 들어오긴 했지만 하영이는 약간 경직되어 있었다. 다른 아이들이 모두 엄마에게 달려가 안기거나 자신이 만든 작품을 자랑하는 것과는 달리, 하영이는 표정이 멍하면서도 어딘지 모르게 불안해

보였다. 엄마의 말을 한 번에 알아듣지 못하고 엄마가 말할 때마다 깜짝 놀라는 반응도 보였다. "얘가 이래요. 나사 하나가 빠진 것 같이 굴어요." 희숙 씨는 하영이의 행동이 신경이 쓰였는지 멋쩍게 웃으며 말했다.

사실 희숙 씨는 어린 시절 부모로부터 학대를 당하던 피해자였다. 그녀는 이유도 모른 채 사방에서 날아오는 빗자루와 효자손, 심지어는 가위 등을 피하느라 늘 살얼음판 위를 걷듯 살아야 했다. 그녀는 고등학교를 졸업하자마자 스무 살에 열한 살 연상의 남자와 결혼했다. 누구든 은신처가 되어줄 사람이 간절히 필요했기 때문이다. 그때까지만 해도 남편은 그녀에게 든든한 보호자가 되어줄 것만 같았다. 하지만 위기의 순간에 선택한 배우자가 폭력배라는 사실을 아는 데는 그리 오랜 시간이 걸리지 않았다. 남편은 지금도 희숙 씨와 어린 하영에게 폭력을 행사할 때가 많다. 희숙 씨도 아이를 때리지는 않았지만, 정서적인 학대를 한다.

에인스워스 이후 메리 메인은 연구를 통해 혼란에 빠진 애착 유형을 발견했다. 전체의 15퍼센트가량이 혼란형 애착 유형이다. 낯선 상황 실험에서 이 아이들은 엄마 앞에서 이해할 수 없는 행동을 했다. 엄마에게 다가가거나 거부하는 것이 아니라 일순간 멍해지거나 맥없이 바닥에 쓰러졌다. 혹은 손으로 입을 가리는 아이도 있었다. 연구 결과 학대받은 아이들이 이 유형에 해당한다는 사실이 밝혀졌다. 아이들은 그들이 온전히 의지해야 할 부모가 위험의 근원이면서 동시에 유일한 피난처이기도 하기에 혼란스럽다. 가까이 갈 수도, 그렇다고 멀어질 수도 없다.

혼란형 애착 유형에 속하는 아이들은 다른 애착 유형의 아이들과는 달리 '얼어붙는 상태'가 된다. 이들에게 자신을 둘러싼 세상은 도무지 예측하기가 어려워서 몸이 어떻게 반응해야 하는지, 어떻게 안정감을 찾아야 하는지를 배울 수가 없었다. 특히 인지적 기능이 아직 어른 수준에 미치지 못하는 아이들은 부모의 행동 저변에 있는 동기가 무엇인지를 정확하게 해석할 수 없다. 따라서 이들은 모든 책임이 자신에게 있다고 여긴다. 자신이 나쁜 아이라서 엄마가 자신을 방임하거나 거부한다고 믿는다. 나아가 세상은 온통 나쁜 곳이라고 일반화를 한다.

이들이 자라서 어른이 되면 '미해결된 엄마'가 되기 쉽다. 스스로가 학대 피해자였던 이들은 불안정하고 두려워하는 정서 속에 빠져 있다. 그래서 자신의 어린 시절 문제를 여전히 해결하지 못한 채 상처를 재연한다. 심하게 울거나 화를 내는 아이를 보는 순간, 혼란형 애착 유형의 엄마는 자신들의 어린 시절 기억에 압도되어 상처가 활성화된다. 이들은 아무렇지도 않게 자녀들을 겁을 주거나 신체적 또는 정서적 학대를 가한다.

이 글을 쓰는 중에 20대 엄마가 자신의 아이를 침대 위로 마구 던지고 때리는 등 학대를 일삼았다는 기사를 접했다. 더욱 충격적인 것은 엄마의 아버지, 즉 외할아버지 또한 학대에 가담했다는 사실이다. 외할아버지는 손주를 침대에 던지거나 베개로 얼굴을 누르는 등 학대했다. 어쩌면 엄마의 어린 시절이 고스란히 반복되고 있는지도 모른다. 엄마가 아이의 울음과 짜증에 반응하는 방식은 오랜 시간 자신이 자라온 환경 속에서 자연스럽게 몸에 밴 것들이다. 이 엄마는 어떻게 아이를 돌봐야 하는지를 모를 수도 있다. 자신의 부모로부터 한 번도 제대로 배운 적이 없기 때문이다.

우리 안에는 당연히 들어야 했지만 듣지 못한 말들과 듣지 말아야 했지만 들어야 했던 말들이 수북하다. 이 말들의 정체를 알아야 적어도 내 아이에게는 그것들로 인한 상처 주기를 반복하지 않게 된다. 우리는 한 번도 들어보지 못한 말을 아이에게 해줄 수 없다. 엄마도 한때는 어린아이였다. 취약한 어린 시절 엄마와의 애착 경험은 마음 깊이 부호화되어 일정한 패턴으로 굳어진다. 이 경험은 이후 어른이 되어서도 관계에 지속적인 영향을 미친다. 우리가 잘못된 애착의 대물림을 끊고자 한다면 자신이 어떤 애착 유형인지 살펴봐야 하는 이유다.

엄마의
내면아이
연습장

엄마의 생각 노트

어린 시절 부모로부터 가장 상처받았던 말이나 행동,
또는 태도가 있다면 무엇일까요? 기억나는 대로 구체적으로 적어보세요.

나에게 상처를 주었던 부모의 말이나 행동 또는 태도가
현재 나에게 미치는 영향(양육에 미치는 영향)을 떠오르는 대로 적어보세요.

3장

엄마의
내면아이
만나기

엄마의
내면아이를 찾아서

: 심리 사회적 발달단계와 인생의 덫

엄마의 자라지 못한 내면아이

한 사람이 성숙한 사회 구성원으로서 자기 삶을 영위하기 위해서는 발달이라는 과정을 거쳐야 한다. 우리는 몸만 자라는 것이 아니라 마음도 함께 자란다. 우리에게는 신체적인 나이뿐만 아니라 심리적 나이도 있다. 심리적 발달에 따라 우리의 욕구는 달라진다. 예를 들어 세상에 갓 태어난 영아들에게는 충분히 의존하고 기댈 만한 존재가 절대적으로 필요하다. 이들은 한시도 엄마에게서 떨어지지 않으려고 필사적으로 달라붙는다.

하지만 이들이 자라서 사춘기가 되면 상황은 달라진다. 이제부터는 스스로 판단하고 결정할 수 있는 심리적 독립이 필요하다. 사춘기 아이들이 사사건건 부모의 말에 토를 달고 반항하는 이유다. 발달에 따른 욕구를 제때 적절히 충족하지 못하면 내면에 상처를 입는다. 그리고 이 상처는 현재의 나에게도 지속적인 영향을 미친다. 다시 말해, 영아기 때 주 양육자에게 충분히 의존하지 못했거나, 사춘기 때 부모로부터 건강하게 분리되지 못했다면 그 영향은 어른이 된 지금까지도 이어진다. 이처럼 마흔이 넘은 엄마라고 할지라도 어쩌면 특정 발달단계에 고착되어 성장이 멈췄을 수도 있다는 말이다. 이들은 겉으로 보았을 땐 누가 봐도 어른의 모습을 하고 있지만, 심리적으로는 여전히 보호자가 필요한 어린 여자아이에 지나지 않는다.

우리 주변을 보면 전혀 어른답지 않은 엄마가 많다. 철딱서니가 없거나 유치하게 구는 엄마 또는 유난히 투덜대는 엄마가 있는가 하면, 늘 인상을 찌푸리며 못마땅한 표정을 달고 사는 엄마도 있다. 어쩌면 엄마의 이런 표정들은 오래전에 만들어져 시간이 지남에 따라 점점 굳어져버린 것일지도 모른다. 오랜 시간 억압된 감정과 욕구는 우리 안에서 서서히 내면화된다. 내면화된 감정은 제 기능을 하지 못하고 특정 스타일 자체로 굳어져버린다.

완벽한 환경이란 존재하지 않는다. 누구나 자라는 과정에서 크고 작은 상처를 입을 수밖에 없다. 자라지 못하고 마음 안에 갇힌 아이를 우리는 '상처받은 내면아이'라고 부른다. 어떤 이유에서든 심리적 성장이 멈춰 있는 거기 그곳에 우리의 내면아이가 살고 있다. 내면아이는 정서적으로 대응할 능력이 충분히 갖춰지지도 않은 때 만들어진다. 즉, 내면아이는 부모로부터 정서적으로 방치되고 고통받았던 우리의 일부다. 상처받은 내면아이는 개인의 행동뿐 아니라 가치 체계를 만들고 삶의 많은 부분에 영향을 미친다. 치유되지 않은 상처들은 엄마가 된 지금도 우리 안에 남아 있으며 불행하게도 자신과 가장 가까운 사람들을 대상으로 그 상처를 반복하게 만든다. 엄마 역할을 하는 이 순간, 계속 '로딩 중'이라는 표시가 뜬다면 지금이 아니라 과거의 나를 돌아봐야 한다.

에릭슨의 심리 사회적 발달단계

내비게이션이 있으면 길을 잘 몰라도 어디로든 마음 편하게 떠날 수 있듯이 내면아이를 만나러 가는 여정에도 지도가 필요하다. 심리적 성장도 신체적 성장과 마찬가지로 일련의 과정을 따른다. 부모교육 전문가로서 나는 지금까지 에릭 에릭슨의 심리 사회적 발달단계 이론만큼 도움이 되는 설명을 접해본 적이 없다. 독일 출신 미국 심리학자이자 정신분석가인 에릭 에릭슨은 자아의 발달에 영향을 미치는 사회·문화적 요소를 강조했다. 그는 인간이 태어나서 죽을 때까지 성장하고 발달을 멈추지 않는다고 보았다. 그리고 인간의 발달을 영아기부터 노년기까지 총 8단계로 나누었다. 하지만 이 책에서는 발달단계 그 자체를 연구하는 것이 목적은 아니다. 그보다는 에릭 에릭슨의 심리 사회적 발달단계를 참조하여 성장 과정에서의 문제를 살펴보고자 하는 데 그 의의가 있다. 따라서 여기서는 8단계 중 1~5단계까지만 다룰 예정이다.

에릭 에릭슨의 발달 이론은 후성적 원리를 따른다. 후성後成적 원리란 이미 만들어진 것이 아니라 이후에 만들어진다는 의미다. 즉, DNA 속 유전인자들은 우리가 태어날 때부터 이미 갖추고 있는 것이지만, 살아가는 동안 내부의 상호작용이나 외부의 자극에 따라 발현되기도 하고 혹은 영영 잠재된 채 묻힐 수도 있다. 다시 말해 자라는 동안의 모든 경험 하나하나가 한 사람의 인생을 결정한다. 에릭슨의 이론에 따르면, 우리는 생애의 각 단계마다 심리 사회적 위기에 봉착한다. 그때마다 이 위기를 적절하게 잘 극복하고 성장하는 일이 중요하다. 각 단계는 각기 달성해야 하는 발달과제를 갖고 있다. 각 단계에서 그 과제를 제대로 수행해낼 때, 다음 단계의 위기를 직면하는 데 있어서 '보다 좋은 전망'을 갖는다. 발달은 반드시 순서에 따른다. 걷기 위해서는 기고, 앉고, 서는 과정이 반드시 선행되어야 한다. 이처럼 성장의 단계는 이미 예정되어 있고, 그 순서는 불변이다. 발달단계는 연속적인 과정이다. 어떤 단계의 과제를 달성할 수 없으면 다음 단계의 과제로도 진전하지 못한다. 예를 들어, 영아기에 안전감을 획득하지 못하면 이후 유아기의 자율성은 기대하기 어렵다. 안전감이 바탕이 되어야 탐색하고 탐험하는 것이 가능하기 때문이다.

각 단계의 위기는 모두 대립되는 성격 특성으로 표현된다. 예를 들면 1단계는 '신뢰 vs. 불신', 2단계는 '자율성 vs. 수치심/회의'와 같은 식이다. 에릭슨은 각 단계에서의 위기를 해결하기 위해서는 상호 대립된 특성의 영속적인 균형이 중요하다고 보았다. 그는 긍정적인 측면만을 지나치게 강조하고 부정적인 측면을 완전히 배제하면, 오히려 발달에 중대한 문제를 가져올 수 있다고 경고했다. 세상에 갓 태어난 영아들에게는 세상이 안전하다는 믿음이 절대적으로 필요하지만, 그렇다고 안전한 경험만 할 수는 없는 노릇이다. 어쩔 수 없이 불안한 경험 또는 위험 속에 노출되는 경험도 필요하다. 그래야 예측 불가능한 상황에서도 슬기로운 대처가 가능해진다.

〈표 1〉은 한눈에 보기 쉽도록 에릭 에릭슨의 심리 사회적 발달 단계를 정리한 내용이다. 표 안에는 각 단계에서 맞닥뜨리는 심리 사회적 위기와 그 위기에 따르는 발달과제가 담겼다. 더불어서 각

단계별 미덕과 죄도 추가했다.

〈표 1〉 에릭 에릭슨의 심리 사회적 발달단계와 인생의 덫(1~5단계까지)

발달단계 (만 나이 기준)		발달과제 vs. 위기	미덕	죄(악덕)	핵심 욕구	인생의 덫
1단계	영아기 (출생~18개월)	신뢰 vs. 불신	희망	탐식	안전감	버림받음
						불신과 학대
2단계	유아기 (18개월~3세)	자율성 vs. 수치심/회의	의지	분노	자기표현과 자기주장	종속 혹은 복종
						가혹한 기준
3단계	학령전기 (3~6세)	주도성 vs. 죄책감	목적	탐욕	자율성과 독립성	특권 의식
						취약성
						의존
4단계	학령기/아동기 (6~12세)	근면성 vs. 열등감	유능감	시기	자존감	결함
						실패
5단계	청소년기 (12~20세)	자아정체성 vs. 정체성 혼란	충성	교만	타인과의 정서적 유대	정서적 발탈
						사회적 소외

　　단계별 발달과제를 적절히 수행하면, 우리는 삶의 과정에서 꼭 필요한 미덕을 갖추게 된다. 가령 1단계에서 기본적 신뢰가 구축되면 비로소 미래에 대한 희망이 생기고 적극적으로 세상과 관계를 맺는다. 하지만 만약 각 단계에서의 욕구를 적절히 충족하지 못하면 '죄'로 빠진다. 즉, 1단계에서 기본적 신뢰 대신 불신이 커지

면 미래에 대한 희망을 잃게 된다. 이런 미래에 대한 공포는 우리로 하여금 세상을 믿지 못하도록 하고, 당장 갖고 싶은 모든 것을 가지려는 탐식의 죄로 빠지게 만든다. 이처럼 에릭 에릭슨이 심리 사회적 발달단계를 설명하면서 언급한 죄$_{sin}$란 우리가 일상에서 흔히 사용하는 의미인 '양심이나 도덕에서 벗어난 행위'를 말하는 것이 아니라 '빗나간 과녁'을 뜻한다. 목적지를 향한 길에서 벗어나 있다는 의미다. 지금 현재 당신이 겪는 크고 작은 문제의 원인은 이 죄와 관련되었을 가능성이 농후하다. 때로는 죄 대신 미덕의 반대말인 '악덕'이란 단어가 쓰이기도 한다. 의미는 동일하다.

에릭슨의 심리 사회적 발달단계는 이 책을 읽는 여러분 한 사람 한 사람을 어린 시절 기억 속으로 안내해줄 지도다. 이 마음의 지도가 안내하는 대로 기억을 더듬어 찾아나가다 보면, 어느 순간 당신의 내면아이를 만날 수 있다. 출발점은 '지금의 나'로부터다. 이 순간 이 책을 읽고 있는 당신은 대체로 7단계 장년기에 해당하리라 본다. 따라서 여기서는 현재의 발달단계를 가장 먼저 살펴보고자 한다. 엄마로서 현재 나의 심리적 상태를 점검해볼 필요가 있기 때문이다. 그리고 나서 지금의 나를 만든 과거의 발달 과정들을 1단계부터 차근차근 되짚어볼 예정이다.

엄마의 내면아이가 만든 인생의 덫

자신의 욕구가 잘못되었다고 여겨지면, 아이들은 나름의 방법으로 상황을 바로잡으려고 하거나 그 상황에 대처할 수밖에 없다. 몰래 사탕을 먹다가 걸리면 얼른 주머니 속에 넣어버리는 것처럼 자신의 욕구를 꽁꽁 싸매서 마음속 창고에 감춰버린다. 대신 엄마의 욕구에 따라 움직인다. 자신이 무엇을 원하는지를 들여다보기보다는 엄마가 원하는 것이 무엇인지를 살피는 데 눈치를 총동원한다.

이런 아이가 커서 성인이 되면 이제는 어른이 되어 자신이 원하는 것을 당당하게 할 수 있음에도 불구하고, 여전히 다른 사람들의 기분을 살피며 눈치 속에서 살아간다. 사랑받는 유일한 방법은 다른 사람들의 바람과 욕구에 집중해서 그들을 도와주는 것이라 믿기 때문이다. 하지만 어리고 취약했던 당시에는 지극히 당연하고 자연스러웠던 이 전략은 성인이 된 지금은 더 이상 쓸모가 없다. 이제는 폐기 처분해야 함에도 불구하고, 익숙한 패턴을 버리지 못하고 어린 시절의 전략을 끊임없이 반복할 때 우리는 덫에 걸린다. 쉽게 말해 '그때는 맞고 지금은 틀린' 그 오래된 전략이 덫을 만든다.

인지치료 심리학자인 제프리 영은 그의 저서 《새로운 나를 여는 열쇠》에서 11가지 인생의 덫을 이야기했다. 흔히 말하는 '덫에 갇혔다'라는 표현에서 알 수 있듯이, 덫은 반복되는 패턴을 일컫는다. 그는 인간의 가장 핵심적인 욕구를 안전감, 자기표현, 자율성, 현실적인 한계, 자존감 그리고 타인과의 연대감으로 보았다. 그가 말한 욕구는 앞서 언급한 에릭슨의 심리 사회적 발달단계에서의 욕구들과 크게 다르지 않다. 이 핵심적인 욕구들이 제때 제대로 충족되지 않거나 잘못된 방식으로 채워졌을 때 우리는 인생의 덫에 걸린다. 영은 욕구가 충족되지 않았을 때 만들어지는 인생의 덫을 11가지로 자세히 나눴다. 〈표 1〉에서 가장 오른쪽 세로줄은 제프리 영이 제시한 11가지 인생의 덫을 에릭 에릭슨의 심리 사회적 발달단계와 관련지어 정리한 내용이다. 11가지의 덫은 서로 연관이 있기도 하고, 사람에 따라서 하나가 아닌 두 가지 이상의 덫에 걸리는 경우도 많다. 예를 들어, 양육자의 부재나 불안정으로 인해 버림받음의 덫에 빠진 엄마는 자기 존재 자체가 쓸모가 없어서 버려졌다고 믿는다. 따라서 결함의 덫에 빠지기도 한다. 사실 인생의 덫은 상처받은 엄마만을 위해서 제시된 이론은 아니다. 하지만 이 이론과 에릭 에릭슨의 심리 사회적 발달단계 이론을 통합적으로 살펴본다면, 아마도 여러분의 내면아이를 만나는 데 좀 더 도움이 되리라 믿어 의심치 않는다.

엄마의 기억 노트

이후에 나오는 3장의 내용에서는 각 발달단계가 끝나는 페이지마다 '엄마의 기억 노트'를 첨부했다. 우리의 어린 시절 경험을 직면하기 위해서는 의식적으로 기억을 떠올리는 과정이 필요하다. 특히 엄마의 내면아이를 만나기 위해서 기억 작업만큼 중요한 것은 없다. 발달단계별 엄마의 기억 노트에 적힌 설명을 꼼꼼하게 읽어보면서 당신 안에 잠든 기억을 깨우길 바란다. 물론 어린 시절의 기억을 시기와 상관없이 생각나는 대로 적어보는 것도 좋다. 하지만 되도록 단계별로 달성해야 하는 발달과제를 떠올리면서 기억 작업을 진행하면 나의 내면아이를 만나는 데 훨씬 더 도움이 된다. 예를 들어, 학령기의 과업은 근면성이다. 따라서 엄마의 기억 노트를 작성할 때 이 시기에 자신이 부모로부터 지지와 격려를 받은 경험들이 있었는지를 중점적으로 떠올려볼 필요가 있다.

우리는 살아온 모든 순간을 기억하지 못한다. 이 말은 곧 수십 년이 지난 지금까지도 뇌 한 편을 차지하고 있는 기억은 우리에게 아주 중요하고 커다란 의미가 있다는 뜻이기도 하다. 기억에 저장될지 버려질지는 상황에 대한 우리의 정서가 결정한다. 강렬한 정서를 동반한 경험은 사진처럼 뇌리에 선명하게 찍히기 마련이다. 그러므로 기억과 함께 떠오르는 감정과 생각 혹은 이미지가 있다면 최대한 꼼꼼히 기록하기를 바란다. 참고로 엄마의 기억 노트에 적은 내용들은 이후 4장과 5장에서 활용할 예정이다. 되도록 어린 시절의 기억을 최대한 많이 떠올려보고, 기억마다 가능한 한 구체적으로 기록하기를 바란다.

뒤에서도 다루겠지만, 이렇게 기억을 소환하는 것만으로도 이미 치유는 시작된다. 기억을 떠올리고 반복하는 과정에서 점차 마음이 편안해지는 것을 느낄 수 있다. '그래 맞아, 이건 그때 일이고 지금은 나도, 상황도 모두 달라졌잖아'라는 생각이 들면서 더불어 내 몸에서 일어났던 생물학적 반응이 서서히 약화하는 것을 경험하게 된다.

지금부터 당신과 나는 긴 여정을 떠난다. 이 여정은 아이가 아닌 당신 자신을 위한 것임을 잊지 말자. 이어지는 내용을 읽는 동안 모든 문장의 주어를 아이가 아닌 당신으로 삼기를 바란다.

당장이라도
사표를 던지고 싶은 엄마

오래전 찾아가는 상담에서 만난 정선 씨는 자라면서 사랑받지 못한 상처를 남편을 통해 채우기를 갈망했다. 정선 씨는 남편의 무뚝뚝하고 차가운 태도 때문에 늘 불안하고 초조하다. 게다가 남편은 업무 특성상 해외 출장이 잦다. 남편의 출장이 길어질 때마다 그녀는 남편이 영영 돌아오지 않을까 두려워 일상에 집중하기가 어렵다.

정선 씨는 어린 시절 외도가 심한 아버지와 순종적이고 지고지순한 엄마를 보면서 자랐다. 엄마는 나날이 반복되는 아버지의 외도에는 눈감은 채 늘 아버지만 바라보았다. 하지만 어쩐 일인지 어린 정선에게는 얼음장처럼 냉담했다. 자신에게만은 차가운 돌덩이 같았던 엄마가 못마땅했던 정선 씨는 절대로 엄마처럼 살지 않겠다고 다짐했다. 하지만 마흔 중반이 넘은 지금 거울 속 자신을 보듯 자기 안의 엄마를 본다. 정선 씨역시 자신의 엄마처럼 무심한 남편을 바라보느라 정작 아들의 존재는 까맣게 잊어버렸다. 자기도 모르는 사이 그토록 오랫동안 자신을 괴롭혀왔던 상처를 아들에게 물려주고 있다.

아이 키우는 일이 힘들고 지친다는 엄마들이 늘고 있다. 이들은 아이가 성장할수록 엄마 자신은 점점 더 퇴행하는 것 같다고 하소연한다.

"제가 아이를 왜 낳았을까요? 낳지 않았다면 이렇게 힘들지도 않았을 텐데, 그동안의 제 선택 중에 가장 후회되는 일이 바로 아이를 낳은 일이에요."

실제로 부모가 되지 않기를 선택하는 사람들이 해마다 늘고 있다. 통계청의 '2020 인구주택 총조사 표본 집계 결과 인구 특성 항목'에 따르면 자녀가 없는 부부가 88만 명으로 집계되었고, 이 중 의도적으로 자녀를 낳지 않기로 선택한 부부가 절반 이상이다. 소위 딩크족DINK, Double Income No Kids이라 불리는 이들이다. 오래전 만난 은별 씨도 그랬다. 결혼한 지 11년이 지났지만, 은별 씨 부부는 아이가 없다. 결혼 서약 전에 아이를 낳지 않기로 서로가 합의했기 때문이다.

생산성 vs. 침체

자녀를 낳고 키우는 부모의 발달단계는 대부분 7단계에 속한다. 이 단계의 과제는 '생산성'이다. 에릭슨이 말하는 생산성의 의미는 '다음 세대를 세우고 인도하기 위한 관심'을 뜻한다. 이 단계에 이르면 우리는 다음 세대를 직접 돌보거나 혹은 간접적인 활동에 몰두한다. 대체로 부모의 책임을 의미하지만, 생산성은 부모 역할뿐만 아니라 건설적인 사회활동이나 노동 또는 창의적인 활동 전반을 아우른다. 앞서 은별 씨처럼 연령상으로는 7단계에 해당하지만, 결혼을 안 했거나 혹은 결혼은 했지만 자녀가 없는 부부도 많다. 하지만 이 책에서는 생산성을 부모 역할에 한정해서 이야기하고자 한다. 대체로 아이를 낳고 기르는 일은 6단계부터 시작된다. 그런데도 굳이 7단계에서 부모 역할을 얘기하는 이유는 양육보다는 교육에 좀 더 방점을 찍은 것이라 해석할 수 있다. 다시 말해, 사회 구성원의 역할을 가르치는 과정에 좀 더 초점을 둔 것이다.

아이라는 존재는 엄마의 헌신과 희생을 시도 때도 없이 요구한다는 점에서 마치 전제군주와 같다. 만약 아이의 이런 요구를 적절히 수용하고 대처하지 못하면 엄마는 침체 상태에 빠지게 된다. 침체는 자녀를 양육하는 데 흥미를 상실하고 의욕을 잃은 무기력한 상태를 말한다. 어떤 엄마들은 자기 자신의 욕구에 지나치게 사로잡혀 있다. 이들은 아이의 욕구는 아랑곳하지 않고 심지어 알아차리기도 어렵다. 《대죄와 구원의 덕》의 저자 도널드 캡스Donald Capps는 이들을 '유사 부모' 즉, 무늬만 부모라고 보았다. 그는 "때때로 자신들이 마치 자기의 유일한 자식인 것처럼 자기에게 몰입하게 된다"라고 말한다. 이들은 대체로 자녀를 내팽개친다. 신체적으로 혹은 심리적으로 문제를 가진 엄마들은 흔히 침체 상태에 빠지기 쉽다.

돌봄과 냉담

'아이 보는 공은 없다'라는 옛말이 있다. 오죽하면 아이를 보느니 밭을 맨다고 손사래를 쳤을까? 들이는 대가에 비해서 성공의 확률이 너무 낮다면 누구나 그 일을 할지 말지 고민하는 것이 당연한 이치다. 이처럼 그 결과가 명확하지 않고 무엇을 성공이라고 불러야 할지 개념도 모호한 대표적 과정이 바로 양육이다.

에릭슨의 심리 사회적 발달단계 7단계에서의 죄는 바로 냉담이다. 냉담하다는 것은 정서적으로 결핍이 있거나 열의가 전혀 없는 상태를 말한다. 성장하는 모든 건 정서적인 투자를 요구한다. 하지만 냉담한 엄마는 그런 투자를 할 여력이나 자원이 없으며 타인을 돌볼 수 있는 능력이 없다. 이들은 정서적으로 상당히 불안정하다. 대부분 자녀를 무시하고 자녀에게 무관심하다. 양육 자체가 권태롭게 느껴지거나 혹은 절망스럽다. 그래서 수시로 멍한 상태에 빠져든다. 엄마로서 뭘 어떻게 해야 하는지를 모른다. 그저 무기력할 뿐이다.

오래전 농경사회에서 아이는 곧 노동력이었다. 아이 한 명을 낳는다는 건 그만큼 재산을 비축하는 것과 같았다. 하지만 현대사회에서 아이는 더 이상 노동력으로 셈하지 않는다. 오히려 '재산을 축내는' 존재로 전락했다. 더군다나 유년기는 점차로 길어지고 캥거루족도 늘고 있다. 스무 살이 넘어도 부모에게서 독립하지 못하는 자녀들은 가족의 짐이자 사회적 문제로까지 여겨진다. 어쩌면 이런 사회 전반의 분위기가 저출산을 부추기는지도 모른다.

더군다나 아이를 키우다 보면 나도 모르게 눌러놨던 감정적 상처들이 수면 위로 떠오른다. 엄마가 되지 않았더라면 몰라도 그만인 것들이다. 하지만 엄마가 되는 순간 자녀라는 존재를 통해 그 상처들을 강제로 확인하게 되고 심리적 혼란을 겪는다.

은별 씨는 아무리 기억을 뒤적여도 행복한 적이 별로 없다. 교회 목사님이었던 아버지의 뜻에 따라 어린 은별은 어릴 때부터 피아노를 배워야 했다. 작은 교회에서 성가대 반주를 하기 위해서였다. 처음에는 언니와 함께 시작했지만, 소질이 아예 없었던 언니는 중도 포기했다. 언니와 달리 피아노에 소질이 있었던 그녀는 부모의 강압적인 교육 방식의 희생자가 되어야 했다. 학교에서 오자마자 시작되는 피아노 연습은 밤늦게까지 이어졌다. 친구들과 놀고 싶어도 놀 수가 없었다. 하루는 몰래 도망 나와 공기놀이를 하던 중 엄마에게 들켜서 친구들 앞에서 흠씬 두들겨 맞았다. 몸에 시퍼렇게 멍이 들 정도로 맞는 동안 어린 은별은 수치스럽고 창피했다. 무엇보다 '나는 누구지? 나는 왜 태어났을까?'라는 생각이 들었다. 마치 기계처럼 다뤄지는 자신의 존재가 한없이 초라하고 불쌍했다. 그녀가 아이를 낳지 않기로 마음먹은 것은 아주 오래된 결정이었다. 놀이터에서 친구들이 지켜보는 앞에서 무차별적으로 맞아야 했던 그 순간, 그녀는 엄마가 되기를 포기했다. 어쩌면 엄마가 되지 않음으로써 그녀는 부모에게 완벽한 복수를 하는지도 모른다.

에릭슨의 심리 사회적 발달단계는 연속적인 과정이라 말한 바 있다. 선행 단계의 과제를 달성하지 못하면 다음 단계로 진전이 어렵다는 의미다. 그렇다면 현재의 내가 자녀를 양육하는 데 어려움을 겪고 있는 원인은 바로 '풀지 못한 과제' 때문이라고도 할 수 있다. 마치 수 개념이나 덧셈, 뺄셈을 배우지 못하면 어른이 된 지금도 마트에서 장을 볼 때 얼마치를 샀는지 바로 알기 어려운 것과 같다. 하지만 희망이 있다. 그때 그 시절에는 어려운 문제였을지라도, 어른이 된 지금은 그 문제를 푸는 일이 생각한 것만큼 어렵지 않을 수도 있다는 사실이다. 한글을 처음 배울 때는 머리에 쥐가 날 정도로 어렵고 막막했지만, 지금 이렇게 책을 술술 읽고 있지 않은가? 그렇다면 지금부터 나는 어느 단계에서의 과제가 해결되지 않았는지를 찬찬히 살펴보자. 1단계부터 5단계까지의 과정을 찬찬히 들여다보고 자신을 점검해보자.

엄마의
내면아이
연습장

엄마의 생각 노트

122

아이에게 공감하기 어려운 상황이 있었나요?
생각나는 대로 적어보세요.

여전히 세상이
낯설고 불안한 엄마

영유아 부모들을 대상으로 비대면 교육을 하던 중이었다. 화면 속 한 엄마가 5~6개월가량 된 아이를 안고 우유를 먹이고 있었다. 얼마쯤 지났을까? 아이가 젖병 꼭지를 계속 밀어내는데도 불구하고 계속 아이 입속으로 밀어 넣는 모습이 눈에 들어왔다. 더군다나 우유를 먹고 잠든 아이를 단 한 번도 내려놓지 않고 교육 내내 안고 있었다. 얼핏 봐도 몹시 힘들어 보였다.

수업을 잠시 멈추고 쉬는 시간, 이 엄마는 "우유를 얼마나 먹여야 할까요? 지금 이 정도는 부족하지 않을까요?"라며 아이가 먹던 젖병을 화면 가까이 들어 보였다. 나는 "아이가 지금 몇 개월인가요?"라고 물었다. "4개월이요." 4개월이라고 보기에는 아이의 성장 발육이 상당했다. 우유 분량을 걱정할 필요는 없어 보였다. 하지만 엄마의 표정에는 걱정과 불안이 한가득 묻어 있었다. 아이는 우유 대신 엄마의 걱정과 불안을 꾸역꾸역 삼키고 있는 것처럼 보였다.

신뢰 vs. 불신

개그우먼 조혜련 씨는 방송에서 상당히 충격적인 고백을 한 적이 있다. 아들을 간절히 바랐던 그녀의 엄마는 딸이 태어나자 큰 실망감을 느끼고 갓난아기를 이불 위에 뒤집어 엎어둔 채 한동안 방치했다고 한다. 그래도 죽지 않아 어쩔 수 없이 키웠다는 말을 들어야 했던 딸의 마음은 어땠을까? 그때 그 순간 갓난아기의 고통은 어땠을까?

에릭슨은 출생부터 18개월까지를 영아기로 보았다. 인간은 누구나 엄마의 배 속을 나와 세상에 태어나는 순간 위험을 감지한다. 태어나서 첫 번째 겪는 심리 사회적 위기다. 아기에게 세상은 온통 낯설고 두렵다. 따라서 인간에게 주어지는 첫 번째 과제는 세상이 과연 안전한지를 확인하는 일이다. 세상이 살 만한 곳인지, 나와 함께 있는 이들을 신뢰해도 좋은지 그리고 자신이 세상에 적응할 수 있는 존재인지를 아는 것이 중요하다. 아직 두뇌가 충분히 발달하지 않은 어린아이는 머리가 아닌 몸의 감각으로 이 모든 걸 분간해내야 한다. 이때 엄마의 돌봄이 적절하고 긍정적이면 아이는 기본적 신뢰감을 발달시킨다. 사실 신뢰보다는 자신감이라고 표현하는 편이 더 적합할 수도 있다. 엄마가 영아의 감정적 신호를 민감하게 감지하고 적절하게 반응해줄 때, 영아는 자신 안의 힘을 경험한다. 또한 자신의 내면 상태를 스스로 통제할 수 있다는 자신감이 생긴다.

많은 심리학자는 한 사람이 충분한 역량을 갖춘 어른이 되려면, 안정적이고 예측할 수 있는 부모 밑에서 자라는 것이 아주 유리하다고 말한다. 만약 이 단계에서 정서적으로 둔감하거나 반응적이지 못한 엄마 혹은 일관적이지 못한 채 감정에 휘둘리는 엄마 밑에서 자란다면 어떻게 될까? 아이는 자기 존재는 물론이고 타인이나 세상에 대해서도 의심이 가득 찬 눈으로 경계할 수밖에 없다.

하지만 각 단계의 심리적 위기를 극복하기 위해서 부정적인 축을 아예 제거하는 것은 위험하다. 영아기에 신뢰가 중요하지만, 그렇다고 불신의 경험 자체를 아예 차단한다면 발달상 위험을 초래한다. 에릭슨은 양육자가 가져야 할 태도를 가리켜 '적절한 만큼 제때에proper intensity & right time'라고 표현했다.

적절한 수준의 돌봄을 받은 아이들은 현실에서의 위험 요소들을 염두에 둔다. 이들은 때에 따라 자신의 욕구를 제한하고 조절할 줄 안다. 반면 양육자로부터 지나치게 과도한 돌봄을 받은 아이들은 현실에서 일어날 법한 위험성을 무시한다. 이들은 위험 속에 무방비로 노출되기 쉽다. 의심 한 톨 없이 모든 것을 쉽게 믿는다. 세상은 온통 자신에게 호의적이기 때문에 믿고 따르는 게 답이라고 생각한다. 흔히 '팔랑귀'라는 별명이 붙은 사람들이 이에 해당한다. 이들은 다른 사람이 접근해오면 의심 없이 그들의 말을 덥석 믿어버린다. 그래서 수억을 날리고, 사기에 휘말리고, 안전하지 않은 상황에 자주 노출된다. 너무 무분별하게 신뢰를 한 탓이다.

반면 양육자의 돌봄을 예측하는 것이 불가능하거나 부족할 경우, 어른이 되어서도 세상 전반을 의심의 눈초리로 바라본다. 자신뿐만 아니라 다른 사람을 믿기도 어렵다. 심지어 자신을 도우려는 사람의 의도조차 불순하다고 해석을 해버린다. '저 사람의 저 행동은 날 위한 게 아닐 거야. 뭔가 내가 모르는 꿍꿍이가 있어.' 이렇듯 늘 경계를 게을리하지 않다 보니 살아가는 방식이 다소 경직되고 소심하다. 자신에게 호감을 표하는 사람에게도 쉽게 다가가지 못하고 끝없이 의심하는 여성을 본 적이 있다. '날 순수하게 좋아할 리가 없어. 저 사람의 저 말을 믿어서는 안 돼.' 이 여성의 머리에서 떠나지 않는 생각이다.

물질에 대한 분별력을 갖는 것도 이때부터다. 이때 심리 사회적 위기를 제대로 극복하지 못하면, 성인이 되었을 때 알코올중독이

나 약물중독에 빠지기 쉽다. 또는 어느 한 가지에만 지나치게 몰두하기도 한다. 엄마 스스로 조절이나 분별이 안 되는 상황이다. 따라서 자녀에게 좋은 것과 나쁜 것 등에 대한 분별력을 길러주기가 어렵다. 이 시기에 발달하는 신뢰감과 불신감은 타인과 온 세상에 적용되고 일반화되어간다.

희망과 탐식

희망은 기본적인 신뢰를 바탕으로 한다. 희망이 있는 사람의 경우 세상과 적극적으로 관계를 맺는다. 세상에서 자신의 자리를 찾고 적응하고자 노력한다. 하지만 배가 고프지만 먹을 것이 제공되지 않고 사랑이 절실할 때 방치되는 등 불확실한 상황에 오랫동안 노출되면, 인간은 미래에 대한 확신을 잃게 된다. 예를 들어 아기가 엄마에게 먹을 것을 과도하게 요구했을 때 엄마가 아이의 버릇이 나빠질까 봐 젖이나 우유를 제한했다고 치자. 그러면 아이는 더 악착같이 이에 매달린다. 이런 식으로 악순환은 계속된다. 아이는 미래에 자신의 욕구가 충족되지 않을 때를 대비해 지금 당장 필요한 양보다 훨씬 더 많이 확보해두려고 한다. 이 욕구가 탐식을 낳는다.

교육에서 만난 은희 씨는 남편과의 갈등을 털어놓았다. 그녀의 40대 남편은 원하는 대로 다 해야 직성이 풀린다고 말했다. 특히 자신의 취미 생활에 돈을 아끼지 않았다. 다양한 취미를 가진 그는 취미 용품을 사들이는 데 자신의 월급의 3분의 2를 투자하고 있었다. 간혹 지나치다 싶은 생각도 하지만, 자신을 통제하거나 조절하기가 너무 어렵다. 마치 귀신에 홀린 듯 물건들을 사 모을 때도 있다. 이미 있는 것도 브랜드가 다르면 또 사기도 한다. 필요해서 산다기보다는 소유를 위한 소유를 하는 것 같다. 특히 한정판이라면 물불 가리지 않는 남편이 덜 자란 어린아이 같다고 은희 씨는 말했다.

탐식은 음식에 대한 지나친 욕구만 지칭하는 것이 아니라 갖고 싶은 모든 것을 대상으로 만족할 줄 모르는 욕구를 말한다. 탐식은 행동의 유형이라기보다는 인격적인 기질이며 삶을 향한 태도에 더 가깝다. 희망이 욕구에 대한 일시적인 실망이나 좌절에 굴하지 않는 것이라면 탐식은 그 반대다. 미래에 대한 공포는 근본적으로 세상을 믿지 못하도록 만든다. 탐식은 마치 당장의 만족을 위해 황금알을 낳는 거위의 배를 가르는 행위와 같다. 이들의 불안은 '미래의 황금알'을 기다릴 수 있는 여유를 삼켜버린다.

앞서 아이에게 과도할 정도로 우유를 먹이거나 안고 있었던 엄마는 북한 이탈주민이었다. 그녀는 어린 시절 엄마의 젖이 충분하지 않을 뿐 아니라 크고 작은 위협이 숨구멍마다 박혔다. 그녀에게 세상은 안전하지 않은 곳이었고 믿을 만한 건 아무것도 없었다. 지금 그녀가 아이에게 지나치게 우유를 먹이는 건, 어린 시절 굶주렸던 자기 자신을 먹이는 행위일지도 모른다. 엄마 품속에 안긴 아이는 어쩌면 엄마 자신일지도 모른다. 이 세상은 절대 안전하지 않기에 크고 강한 누군가에게 충분히 의존해야 했었지만, 의존하지 못했던 어린 자신일지도 모른다.

이 시기 아이들은 몸으로 여러 가지를 취하면서 좋은 것과 나쁜 것을 구별하는 법을 배운다. "지지야, 그건 먹으면 안 돼!"라는 엄마의 경고는 나쁜 것에 대한 분별을 돕는다. 하지만 지나치게 많은 양의 우유를 먹는 아이는 자신에게 필요한 양의 음식이 어느 정도인지 분간하기 어렵다. 그리고 늘 엄마의 가슴팍에 안겨 있기 때문에 정서적으로 불안하고 힘들 때 우는 게 아니라, 엄마의 가슴에서 분리되는 순간 울음을 터트리게 된다. 정서 조절의 첫 단추가 잘못 끼워지는 셈이다.

길을 잃고 겁먹은 엄마_ 버림받음의 덫

"엄만 우리 지우 없이는 안 돼. 지우는 엄마한테 세상 전부야!"
엄마가 밥 먹듯이 어린 지우에게 하는 말이다. 초등학교 1학년이 된 어느 날 지우는 엄마의 어깨를 감싸며 속삭이듯 위로한다. "엄마, 괜찮아. 엄마한테는 내가 있잖아." 정서적으로 기댈 곳이 없는 지우 엄마는 지금 자신이 어린 지우에게 의존하고 있는 줄은 꿈에도 모른다. 그저 지우가 몹시 든든하고 의젓하다고 느낄 뿐이다. 사춘기가 되었는데도 엄마와 과한 스킨십을 하는 아이들이 종종 있다. 주변으로부터 부러움을 사기도 하지만, 사실 그중에는 어른이 되기를 거부하는 아이들도 있다. 이들의 뒤에는 어김없이 '버림받을까 봐 몹시 두려워하는 엄마'가 있다.

영에 의하면 버림받음은 대개 언어가 발달하기 이전에 만들어지는 덫으로 태어나서 1년 안에 주로 일어난다. 이 시기에 양육자로부터 제대로 된 돌봄을 받지 못하고, 물리적 혹은 정서적으로 버려지면 이 덫에 걸리기 쉽다. 이들은 어른이 되어서도 항상 외롭다. 이 세상에 자신을 위해 존재하는 사람은 단 한 명도 없다는 느낌을 지울 수가 없다. 믿을 만한 사람도, 기댈 만한 상황도 없다. 마치 낯선 곳에서 길을 잃은 어린아이처럼 불안과 공포를 느낀다. 주변을 둘러봐도 모두 낯설고 위협적이다. 세상에 안전한 것이라고는 아무것도 없다. 그래서 늘 의심과 경계를 늦추지 않는다. 자연히 행동은 부자연스럽고 경직되어 보인다. 차분하게 한 가지에 집중하기도 어렵다. 앞서 지우 엄마는 잠시도 가만히 있지 못한다. 끊임없이 뭔가를 해야 직성이 풀린다.

버림받음의 덫은 양육의 부재나 불안정으로부터 기인하기도 하지만, 이와는 반대로 지나친 과잉 보호적인 환경에서 자랄 때도 문제가 된다. 마치 아이 손에 물 한 방울 묻히지 않겠다는 마음으로 아이의 손발이 되어 모든 요구를 들어주는 경우다. 또는 위협이 될 만한 것들을 전부 제거해버리는 경우도 과잉 보호적인 환경에 해당한다. 이런 환경에서 성장하면 의존적인 아이가 된다. 이들은 어른이 되어서도 여전히 자신을 돌봐주고 안전하게 지켜줄 보호자를 찾는다. 혼자서는 생존할 수 없다고 느끼며 항상 자신이 기대고 의지할 만한 강한 존재를 필요로 한다. 만약 자신이 믿고 의지할 대상이 자신을 떠나버리면 허허벌판에 버려지는 기분을 느낀다. 이들은 사람들이 자신을 떠날지도 모른다는 두려움을 평생 안고 살아간다. 어린 시절에는 엄마가 그 역할을 했다면, 어른이 되어서는 배우자나 가족 또는 자녀가 그 역할을 대신한다. 앞서 지우 엄마도 마찬가지다. 그녀는 자신의 불안이 자녀의 독립을 가로막고 있다는 사실을 깨닫지 못한다. 이때 아이는 엄마의 감정을 떠안는다. 그리고 엄마의 정서적 배우자가 되어 한시도 엄마 곁을 떠나지 못한다.

참고로 하루가 멀다 하고 부모가 부부 싸움을 하는 가정에서 자랄 경우에도 버림받음의 덫에 걸릴 확률이 높다. 어린아이의 눈에 비친 부모의 싸움은 세계대전과 맞먹는다. 아이는 가정이 해체될

지도 모른다는 극도의 불안에 휩싸인다. 동시에 자신이 버려질지도 모른다는 공포에서 벗어날 수가 없다.

아무도 못 믿는 엄마_ 불신과 학대의 덫

작년에 《사춘기 자존감 수업》을 출간하고 모 고등학교에서 진행되는 집단 상담에서 겪은 일이다. 3회기 예정으로 진행될 상담이었다. 학교 측에서는 상담에 참여하시는 엄마들에게 내 책을 미리 사서 선물로 나눠줬다. 이렇게 책을 전달하는 경우 대체로 저자 사인을 해서 건네준다. 첫째 날 사인을 하려고 했으나 장서인을 챙겨가지 않은 사실을 알고 나는 다음 시간에 사인을 해주겠다는 약속을 했다.

"제가 오늘은 깜빡하고 장서인을 챙겨오지 않았네요. 다음 시간에 책을 가져오시면 그때 사인을 하고 장서인을 찍어드릴게요. 그리고 혹시 시간 되실 때 읽어보시면 도움이 될 것 같아요."

그런데 다음 날 담당 선생님의 전화를 받고 나는 한동안 어리둥절했다. 선생님은 고민 끝에 한 엄마의 불평불만을 전해주었다. 불만의 요지는 이랬다.

'강사가 우리에게 책을 읽으라고 강요했다. 그리고 마치 숙제를 하고 나면 도장을 찍어주는 것처럼 다음 시간에 확인 도장을 찍어 준다고 했다. 우리가 어린 애도 아니고 불쾌했다.'

전화를 받고 나서 몹시 당황스러웠다. 어떻게 하면 나의 말이 이렇게 해석이 될 수 있을까를 한참이나 생각했다. 강의와 집단 상담에서 내 책에 사인을 수도 없이 많이 했다. 하지만 '숙제'나 '확인 도장'이라는 표현을 들은 것은 그때가 처음이자 마지막이었다.

우리 주변에는 항상 경계 태세를 갖추고 모든 것을 의심의 눈초리로 바라보는 사람이 있다. 자라는 과정에서 안심하고 안도한 경험보다는 예측할 수 없는 상황에 방치되었던 사람들이 여기에 해당한다. 당연히 보호를 받아야 마땅한 어린 시절에 낯선 환경에 방치되는 아이들이 있다. 계속 방치 상태가 이어지면 이들의 내면에는 자기 존재 자체가 문제라는 강렬한 결함의 감정이 만들어진다. 이들은 스스로 사랑받을 만한 가치가 없다고 여기기 때문에 다른 사람들의 순수한 의도를 왜곡해서 보기 쉽다. 사람뿐 아니라 세상 자체를 믿지 못한다.

방치뿐만 아니라 어린 시절 부모로부터 자주 조종당하고 창피를 당했을 경우에도 이 덫에 걸리기 쉽다. 어린 시절 엄마의 이해할 수 없는 한마디를 평생 품고 살아가는 도은 씨 이야기다. 어린 도은은 세 살 터울의 오빠가 걸핏하면 자신을 때리고 괴롭혀서 엄마한테 일렀다. 그런데 엄마는 오히려 도은을 한심하게 쳐다보면서 이렇게 말했다. "오빠가 너 귀여워서 그러는 거잖아. 속이 그렇게 밴댕이처럼 좁아터져서 되겠니? 오빠한테 미안하다고 사과해, 어서!" 엄마가 아이의 현실을 부정하면, 아이는 자신의 내면에서 올라오는 직감을 부인하게 된다. 어린 도은은 분명히 오빠의 행동으로 인해 불쾌하고 화가 났다. 그런데 이런 내적 신호가 잘못되었다는 메시지를 엄마로부터 반복해서 듣는다면, 시간이 갈수록 자기 내면의 직관적인 목소리는 점점 움츠러든다. 결국에는 직관 대신에 혼란이 그 자리를 차지한다. 자신의 판단은 믿을 수 없게 되고 결국엔 다른 사람들의 시선에 의지해서 자신의 현실을 바라본다.

엄마는 아이가 생애 첫 번째로 맺는 관계다. 엄마와의 상호작용은 관계의 틀이 된다. 이 관계가 안전하고 믿을 만하지 못하다면, 이후 사회에서 만나는 사람들과도 안정적으로 관계를 맺기가 어렵다. 이들은 사람을 경계하고 믿지 못할 확률이 높다. 사람들이 자신을 해칠 것이라는 걱정에 시달린다. 누군가가 자신에게 호의적 태도를 보일 때 있는 그대로 받아들이기보다는 이면의 동기를 찾기 바쁘다. 그들이 자신을 이용하고 있다고 믿는다.

엄마의 기억 노트

1단계 영아기의 기억을 모두 기록해보세요. 이 시기는 기억이 나지 않으므로 부모나 형제자매 혹은 가까운 친지 등에게 도움을 청할 수도 있습니다. 또는 지금까지 살아오면서 들었던 이 시기의 내용을 생각나는 대로 적어보세요.

수치심과 분노
사이를 오가는 엄마

찾아가는 상담에서 만난 진수 엄마 혜진 씨는 유난히 화가 많다. 이전에도 그녀는 여러 차례 상담을 받은 적이 있었지만, 그때마다 상담자와 다투고 상담이 중간에 종료되었다. 동사무소나 복지기관 담당자들과도 사소한 일로 흥분하며 싸우는 일이 다반사다. 그녀는 사람의 의도를 늘 의심하고 왜곡한다. 가까운 이웃이 반찬을 해서 가져다주면 고마워하기는커녕 불쑥 화가 난다. '먹다가 다 못 먹어서 버리려던 걸 거야. 유통기한이 지난 것일 수 있어.' 이런 생각이 꼬리에 꼬리를 물고 이어진다. 그녀는 되도록 사람의 접근을 피하고 자신과 가족들을 모든 위험으로부터 차단하려고 한다. 진수 동생 이서는 초등학교 3학년이다. 집에서 학교까지 걸어서 5분 거리임에도 불구하고 혜진 씨는 이서를 직접 등하교시켜야 안심이 된다. 웬만한 체험 활동은 늘 따라 다닌다.

　남편과는 결혼 이후 시작된 경제적인 갈등으로 인해 결국 이혼을 했다. 이혼 과정도 무척 힘들었지만, 이혼 이후의 생활도 힘들기는 마찬가지다. 양육비를 포함해 아이들 양육 과정에서 남편의 도움이 필요할 때 한마디조차 못한다. 언제 터질지 모를 정도로 화를 안고 살지만, 정작 중요한 일에서는 입도 벙끗 못한 채 눈치를 본다. 사실 이혼을 원하지도 않았지만 어쩌다 여기까지 왔다. 그녀의 표현을 그대로 빌리자면, '자고 일어나니 어느 날 이혼녀가 되어 있었다.' 지금은 친정과도 관계가 소원해진 상태라서 고립무원이다. 도무지 세상에서 내 마음대로 되는 일이 하나도 없다는 생각이 든다. 어디서부터 꼬였는지 모르겠지만, 뭔가 잘못되어도 한참 잘못되었다. 무엇보다 뭘 어떻게 해야 좋을지 방향을 잃었다. 특히 중학교 1학년인 진수를 볼 때마다 화가 난다. 늘 친구에게 이리저리 끌려 다니는 아들의 모습에서 자신의 못난 모습을 보기 때문이다.

자율성 vs. 수치심/회의

　2단계는 18개월부터 36개월까지의 유아기를 일컫는다. 에릭슨에 의하면 이 단계에서의 발달과제는 자율성이다. 자율성을 획득하려면 세상 속으로 과감하게 뛰어들 수 있을 만큼 안전감이 있어야 한다. 즉, 1단계의 신뢰가 구축돼야 한다. 혜진 씨가 의심이 가득한 눈으로 타인과 세상을 바라보는 것은 당연한 일이다. 이 시기 아이들은 엄마 가슴이나 유모차에서 내려와 비로소 똑바로 서서 세상을 바라본다. 이로써 세상에는 자기만 존재하는 것이 아니라 다른 사람도 있다는 사실을 깨닫는다.

이 시기가 되면 신체를 어느 정도 자유자재로 움직이며 손과 팔과 팔약근을 스스로 조절할 수 있다. 자기 뜻대로 잡기와 놓기를 할 수 있게 되며, 이런 능력으로 엄마에게 앙증맞은 전쟁을 선포한다. "내가! 내가!"라든가 "싫어! 안 해!"라는 말을 입에 달고 산다. 밥도 혼자서 먹겠다고 떼를 쓴다. 숟가락을 뒤집어서 들고 입으로 들어가는 것보다 흘리는 게 더 많다. 신발도 혼자서 신겠다고 고집을 부린다. 어린이집에 늦을까 봐 조마조마한 엄마의 마음은 아이의 관심사가 아니다. 왼쪽 신발과 오른쪽 신발을 바꿔 신고도 뿌듯함이 얼굴에 묻어난다. 엄마가 아이의 고집을 꺾으려 드는 순간, 작고 거친 반항들이 이어진다. 그야말로 '미운 네 살'이 따로 없다. 하지만 이를 단지 고집 세고 반항적인 것으로 치부해서는 안 된다. 아주 의존적이고 취약했던 아이가 비로소 자율적 의지를 갖기 시작했다는 증거이기 때문이다.

에릭슨은 유아기를 '일치되지 않는 의지 때문에 벌어지는 유격전'이라고 표현했다. 이 시기 아이는 엄마와 자기의 차이에 직면하면서 위기를 경험한다. 엄마가 나와 같은 감정을 느낀다거나 혹은 같은 것을 원하지 않는다는 사실을 깨닫는다. 이로 인해 갈등이 시작된다. 특히 배변 훈련으로 인해 엄마와의 갈등이 증폭된다. 서로 다른 의지의 충돌로 인해 벌어지는 전쟁에서 아이들은 자율성을 위한 투쟁을 시작한다.

신체적으로 자유로워진 유아는 서서히 주의를 기울여야 하는 대상을 의식하기 시작한다. 이때 자신에 대한 인식이 크게 확대된다. 만약 이때 자신이 하고자 하는 것을 성공적으로 수행하지 못하면, 가령 방을 가로질러 가려고 했지만 얼마 못 가 넘어진다면 당황스럽고 창피한 건 물론이고 수치심을 느끼게 된다. 수치심은 실패로 인해 체면이 깎이는 경험을 했을 때 느끼는 감정이다. 원하지 않는 상황에서 다른 사람에게 자신의 모습이 노출될 때 우리는 수치심을 느낀다. 그리고 고집을 부리거나 떼를 쓰는 아이를 무조건 억압하거나 거부할 때도 아이는 수치심을 경험한다. 여기에 "에구, 그것도 못 하니?" 또는 "왜 이렇게 칠칠치 못하게 흘리는 거야"라는 엄마의 비난과 조롱이 더해지면, 이들의 수치심은 증폭된다. 이런 엄마의 태도는 아이들의 의지를 꺾을 뿐만 아니라 더 고분고분하게 순종하도록 만든다.

수치심은 자신과 세상에 대한 의심에 불을 지핀다. 그래서 이전 단계에서 구축된 자신에 대한 믿음이나 자신감마저 흔든다. 자신의 몸이 원하는 대로 움직이지 않는다는 것을 경험하면서 자기에 대한 신뢰에 금이 간다. 나아가 이 세상이 자신이 상상하는 것보다 호의적이지 않다는 생각이 더해지면, 세상에 대한 신뢰마저도 쪼그라든다.

자율성은 결국 자기 의지와 욕구를 표현하고 주장하는 일이다. 이 시기야말로 엄마는 아이와 정서적으로 단단하게 연결되어야 한다. 아이의 감정 표현을 들어주고 지지해줘야 한다. 만약 엄마가 아이의 정서적 욕구를 무시한다면 아이의 자율성은 자랄 수 없다. 그와 동시에 아이는 무엇이 가능하고 무엇이 불가능한지 또한 배워야 한다. 쉽게 말해, 무엇을 잡고 무엇을 놓아야 하는지를 구분해야 한다. 자율성을 상실하지 않은 채, 외부로부터의 제재와 통제에 적응해야 하는 것도 이 시기의 과제다. 따라서 엄마는 아이의 자율성을 훼손하지 않는 적절한 통제 방법을 반드시 알고 있어야 한다. 이 시기 아이들에게 필요한 것은 자신의 세계를 구축하며 자율성을 길러 나가는 일이다. 동시에 자신의 행동에도 불구하고 여전히 사랑받고 있다는 확신이다.

만약 이때 적절한 통제나 제재 없이 그저 '오냐오냐' 하는 말만을 들으면서 자란다면 문제가 된다. 이런 아이는 자기 욕구만 중요할 뿐 다른 사람의 욕구는 무시한다. 안하무인이 되어 자신이 원하는 걸 막무가내로 요구하거나 밀어붙인다. 어른이 되어서도 스스로 욕구를 조절하거나 통제하기가 어렵다. 이들은 자신의 의지만을 관철할 뿐 다른 사람의 말은 귓등으로도 듣지 않는다. 이들에게 다른 사람의 욕구는 관심 영역 밖이다.

반면 지나치게 엄격하고 틈이 없는 엄마에게서 줄곧 "하지 마!" 라는 말만 듣고 자란다면 어떨까? 이런 아이는 자신의 욕구 따위는 중요하지 않다는 것을 온몸으로 배운다. 자기 욕구보다는 엄마의 욕구가 중요하기 때문에 무조건 엄마의 말에 순종한다. 이들은 자기 의지를 피력하기가 힘들다. 그저 다른 사람이 원하는 대로 움직이는 편이 속 편하다고 여긴다. 이들은 다른 사람의 부탁을 거절하기가 어려워서 난감한 상황에 놓인다. 자기의 일보다 남의 일에 발 벗고 나선다. 주파수가 자신의 내면이 아니라 다른 사람에게 맞춰져 있어서 정작 자신이 무엇을 원하는지는 모른다. 자신의 욕구와 감정은 모른 채 다른 사람들의 욕구나 감정에 쉽게 휘둘린다. 사랑받는 유일한 방법은 다른 사람들을 만족시키고 자신의 욕구는 철저하게 외면하는 것이라 믿는다. 이런 방식으로 자신의 자존감을 다른 사람에게서 찾으려고 한다.

의지와 분노

발달심리학자들은 이 시기를 '1차 독립기'라고 부른다. 비로소 엄마와 자신을 분리해서 생각해볼 수 있으며 자기의 의지가 생겨난다. 그러나 동시에 끊임없이 주위로부터 "안 돼! 하지 마!", "위험해, 저리 비켜!" 등의 메시지를 들으면서 행동의 제한을 배운다.

우리 주변에는 마구잡이로 고집을 부리는 사람들이 있다. 인간은 저마다 서로 다른 의지를 갖고 있다는 사실을 배우지 못한 사람들, 이렇게 상충하는 의지들을 조율해나가는 방식을 제대로 경험하지 못한 사람들이 여기에 속한다. 이들은 "아니, 글쎄 내 얘기를 들어보라니까"라는 말만 반복할 뿐 다른 사람의 의견 따위는 가볍게 무시한다. 특히 아이의 말은 귓등으로도 듣지 않는 엄마들이 여기에 포함된다. "닥치고 엄마가 시키는 대로만 해!" 의지를 행사한다는 것은 하고 싶은 대로 마음껏 하는 게 아니다. 자신의 욕구를 자발적으로 조절하거나 제한할 줄 알아야 한다. 이 과정에는 적절한 판단과 분별력이 따라야 한다. 사람 사이의 관계에서는 두 개 이상의 서로 다른 의지가 생길 수 있다는 걸 자연스레 배우고 이해해야 비로소 자기 조절력이 길러진다. 다른 사람들이 자신과 다르게 생각하고 느낄 수 있다는 사실을 깨닫는 것은 굉장히 중요하다. 행동의 동기를 살펴야 자신과 다른 가치를 지닌 사람들과도 건강한 관계를 맺고 잘 지낼 수 있기 때문이다. 사실상 의사소통의 뿌리는 이때 내려진다고 해도 과언이 아니다.

부부 집단 상담에 참여한 은주 씨 부부는 초등학생과 중학생 자녀가 있다. 그녀의 남편은 결혼 직후부터 지금까지 주말에는 홀로 취미 활동이나 여행을 한다. 결혼 전부터 꾸준히 해오던 것을 결혼 이후에도 이어가는 중이다. 금요일 밤에 나가면 일요일에 온다고 하니 은주 씨 가족에게는 남편 또는 아빠와 함께 하는 주말이 없는 셈이다. 은주 씨의 불만에도 아랑곳하지 않고 남편은 고장 난 라디오처럼 자기 이야기만을 반복한다. 나는 그 모습이 마치 마구잡이로 떼를 쓰는 미운 네 살처럼 보였다. 문제는 은주 씨다. 그녀는 남편에게 부당함을 느끼면서도 속으로 구시렁댈 뿐 입도 벙긋 못한다.

유아기의 자율성과 의지는 결과적으로 살아가는 동안 자신이 원하는 바를 명확하게 알아차리고 설득력 있게 주장하고 표현할 수 있는 밑거름이 된다. 하지만 이 단계에 심리 사회적 위기를 제대로 극복하지 못하면 자기주장이나 자기표현이 어려워진다.

이 단계에서의 죄는 분노다. '분노'를 뜻하는 영단어 'anger'의 어원은 '좁은, 바짝 죈, 수축된'의 의미를 지닌 라틴어의 'angustus'다. 분노는 우리 뜻대로 행동하거나 우리 의지대로 할 자유가 줄어드는 것에 대한 반응이다. 분노는 다른 의미로 상처받은 사람의 몸부림이다. 진정한 자기가 된다는 건 자신의 의지를 자유롭게 표현한다는 의미다. 아이는 그야말로 '좋은 의도'에서 했던 행동에 대해 처벌을 받거나 비난이 따르게 되면 분노가 내면화된다. 화가 날 때 우리는 공격이나 반격을 한다. 때로는 세상이나 타인으로부터 멀찍이 물러나 자신을 철회해버리기도 한다.

사실 분노는 우리가 살아가는 데 있어서 필요한 감정이다. 다만 수치심의 외면적인 표현으로 나타나는 분노가 문제가 되는데, 이는 마치 뾰족뾰족한 가시철조망을 두르고 '접근 금지'라는 팻말을 달아두는 것과 같다. 심리적으로 깊이 상처받고 자존감마저 손상되면, 대상이 좋든 싫든 상관없이 모든 것에 대해 적대적인 태도를 갖기 쉽다. 심지어 자기에게 사랑과 관심을 표현하려는 사람들의 호의마저 의심하고 거절하게 된다. 앞서 혜진 씨는 상담자뿐 아니라 이웃의 호의와 친절을 끊임없이 왜곡하고 의심을 거두지 못한다.

혜진 씨는 위로는 언니가 있고 아래로는 남동생이 있다. 태어날 때부터 유난히 몸이 약했던 언니는 늘 엄마의 '껌딱지'였다. 엄마는 언제나 언니를 보살피느라 여념이 없었다. 남동생은 아빠의 사랑을 독차지했다. 단지 아들이라는 이유로 집안의 기둥 대접을 받으며 하고자 하는 것에 막힘이 없이 자랐다. 반면 그녀의 어린 시절은 억울한 일투성이였다. 언니나 남동생의 거짓말이나 실수 등에는 늘 관대했던 부모는 그녀에게만큼은 냉정하기 짝이 없었다. 어린 혜진이 고집을 피우거나 떼를 쓰면 언제나 매가 날아들었다.

남동생의 잘못을 뒤집어쓰는 일도 다반사였다. 옷이나 물건은 항상 언니에게서 물려받아야 했고 좋은 건 남동생에게 양보해야만 했다. '내 것'을 주장하거나 무엇을 하겠다고 나서볼 수도, 떼를 써 볼 수도 없이 그저 있는 듯 없는 듯 살아야 했다. 자신에게만 유난히 차갑고 냉정한 엄마와 자기 존재에는 아예 관심조차 없는 아빠가, 그녀가 기억하는 어린 시절 기억의 전부다. 가끔 "혜진이는 아마 다리 밑에서 주워왔지"라는 친척들의 농담이 진짜일지도 모른다는 생각을 수천 번은 했던 것 같다.

늘 눈치 속에 살아가는 엄마_ 종속 혹은 복종의 덫

아이가 자기 의지를 내세우거나 선택을 하려 할 때마다 부모가 화를 내거나 처벌을 했다면, 아이는 이 덫에 걸릴 확률이 높다. 이들의 부모는 아이의 욕구보다 늘 자신의 욕구가 우선이다. 이처럼 자녀를 전적으로 지배하려는 부모 밑에서 자란다면, 어린 자녀는 생존을 위해 어쩔 수 없이 복종해야만 한다. 복종하지 않으면 처벌을 받거나 버림받을 수도 있기 때문이다. 이는 생존에 대한 두려움을 불러일으킨다.

이들의 마음 깊은 곳에는 타인을 기쁘게 해줘야 한다는 신념이 자리 잡는다. 그렇다 보니 언제나 자신보다 다른 사람들의 욕구가 우선순위가 된다. 남들의 요구에 일정한 선을 긋지 못한다. 때로는 사람들이 부당한 요구를 해도 마지못해 "예"라고 대답한다. 어릴 때부터 동네북이 되어 친구들의 스트레스와 문제를 반영해주는 공명판의 역할을 하기도 한다. 어른이 되어서도 다른 사람들, 특히 권위적인 사람들에게 굽실거리거나 과도하게 눈치를 본다.

딱 부러지게 거절하지 못해 너무 힘든 엄마가 있다. 어떻게 해서라도 지인의 요구를 들어줘야만 그날은 발 뻗고 잠을 잘 수 있다. 누군가 만 원을 빌려달라고 하면, 만 원이 없더라도 주머니와 지갑을 뒤져서 긁어모은 돈 전부를 준다. 그래야 마음이 편안하다. 문제는 초등학교 1학년인 아들도 엄마와 똑같다는 데 있다. 장난감이든 학용품이든 친구가 달라고 하면 선뜻 준다. 심지어 친구의 가방까지 들어준다. 그런 아들을 보는 엄마는 안쓰럽고 안타깝다. 그런데 엄마는 아이를 어떻게 도와야 할지를 도무지 모르겠다.

이들은 자신의 욕구를 내팽개치고 다른 사람들의 요구에 자신을 맞춘다. 이윽고 시간이 지남에 따라 점차 자신의 욕구와 분리된다. 궁극에는 자신이 누구인지에 관한 분명한 느낌마저 희미해진다. 이런 상황이 반복되다 보면 자기 욕구를 거의 만족시키지 못한 채 결핍감을 안은 채 살 수밖에 없다.

이들이 이처럼 다른 사람들에게 조종당하는 이유는 두 가지다.

첫 번째는 남들에게 인정을 받고자 하기 때문이며, 두 번째는 벌 받을까 두렵기 때문이다. 하지만 자신의 욕구를 포기해야 할 때마다 내면에서는 알게 모르게 분노가 축적된다. 욕구가 좌절될 때마다 분노가 생기는 것은 지극히 당연하다. 분노는 뭔가 잘못되었다는 신호로 관계의 균형이 깨졌다는 경고다. 즉, 잘못된 상황을 바로잡으라는 재촉이다. 분노는 자신이 원하는 것을 적절하게 주장하고 자기의 의지를 표현할 수 있도록 돕는다. 하지만 이 덫에 걸린 사람들은 분노를 직접 표현하는 것조차 힘들다. 대체로 간접적인 방식 즉, 수동 공격적인 방식으로 표현한다. 가령 일을 지연시키거나 지각을 하는 등의 미묘한 방식으로 사람들에게 보복하고자 한다. 특히 어린 시절 부모에게 느꼈던 화를 제때 처리하지 못한 엄마들은 애꿎은 자녀에게 분풀이한다. 내면의 지하실에 갇힌 욕구를 꺼내 돌보지 않는 이상 분노의 불씨는 여전히 도사리고 있다.

엄마 마음에 들 때까지_ 가혹한 기준의 덫

"아이가 초등학교 1학년인데 학원도 싫고, 공부도 싫고 다 그만두겠다는데 어떻게 해야 좋을까요?"

최근 지방 도서관에서 강연을 할 때 한 엄마가 던진 질문이다.

"지금 학원을 몇 개 다니고 있나요?"

"음…… 지금은 7개 정도 다니고 있어요."

학원 일정과 학습 분량이 초등학교 1학년 아이가 감당하기에 너무 많지 않느냐고 되묻자 이 엄마는 단호하게 말한다.

"아니요. 제 주변에는 이 정도는 다들 하고 있어요. 더 많이 다니는 아이도 있는걸요."

'가혹하다'라는 말은 자신이 아닌 다른 사람의 선택과 결정일 때 사용한다. 즉, 자발적으로 선택하고 결정하기보다 부모의 지시와 명령에 따를 때 이 말을 쓴다. 어쩌면 이 엄마의 아이는 가혹하다고 느끼고 있을지도 모른다. 듣는 나도 숨이 턱 막혔으니 말이다.

인간이라면 누구나 자발적으로 행동하고, 자유롭게 자신의 욕구를 충족할 권리가 있다. 이 과정을 통해서 자신이 어떤 사람인지, 무엇을 원하고, 어떤 걸 잘할 수 있는지 알아갈 수 있다. 안타깝게도 많은 아이가 어릴 때부터 자기표현이 제한된 환경에서 자란다.

자기표현이란 자신의 욕구와 감정을 숨김없이 표현하는 것을 말한다. 자기표현을 위해서는 자신의 욕구와 감정이 소중하게 다뤄질 거라는 믿음이 전제되어야 한다. 하지만 어린 시절 부모로부터 조건부의 사랑을 받는다면, 아이들은 이 덫에 걸리기 쉽다. 부모의 높은 기대를 충족시킬 때만 부모는 아이를 인정해준다. 하지만 기대에 충족하지 못했을 때는 심한 비난과 힐책이 이어진다. 아이는 부모의 기준을 만족시키기 위해 매사 최선을 다해야 하고 적당한 수준에서의 만족은 있을 수 없다. 뭐든 '엄마 마음에 들 때까지'가 기준이다.

문제는 이 패턴이 어린 시절에서 끝나지 않는다는 점이다. 어른이 되어서도 이 기준은 이어진다. 엄마가 없는데도 불구하고 한 치의 실수도 없이 모든 걸 완벽하게 처리하려고 자신을 몰아세운다. 세부 사항 하나하나에도 심혈을 기울인다. 그렇다 보니 매사 불안하고 신경이 곤두선다. 앞서 언급했던 사례의 초등학교 1학년 딸은 얼마 전부터 옷소매를 반듯하게 끌어당기며 속으로 숫자를 웅얼거리는 강박적인 행동을 한다. 이는 긴장과 불안으로부터 마음을 진정시키는 자기만의 의식이다. 그래야 마음이 편안해지고 진정된다.

부모가 아이의 자기표현을 심하게 억압하면, 아이는 자신의 욕구와 감정이 잘못되었다고 여긴다. 자신의 감정과 욕구를 상자 속에 넣어두는 것으로도 모자라서 자물쇠로 잠가버린다. 대신에 할 일에만 집착한다. 이런 식으로 이들은 자신이 하고 싶은 것보다 해야 할 일에 집중하는 데 익숙해진다. 이들이 어른이 되면 성취 지향적인 사람이나 일중독에 빠지기 쉽고, 지위, 성공, 부, 권력 또는 미모 등에 집착한다. 이 과정에서 스스로 만족스럽거나 행복하다고 느끼기보다는 삶이 버겁다고 여긴다.

엄마의 기억 노트

2단계 유아기의 기억을 모두 기록해보세요. 이 시기는 기억이 나지 않으므로 부모나 형제자매 혹은 가까운 친지 등에게 도움을 청할 수도 있습니다. 또는 지금까지 살아오면서 들었던 이 시기의 내용을 생각나는 대로 적어보세요.

무엇이든 과도하게
밀어붙이는 엄마

수연 씨는 자기조절과 자기통제가 어렵다. 그녀의 별명은 '무데뽀' 그리고 '싸움닭'이다. 이웃과 언성을 높이거나 경비 아저씨하고도 자주 싸운다. 어떤 때는 지나가는 사람과도 시비가 생겨 다짜고짜 다투는 일도 있다. 모임에서도 독단적으로 일을 밀어붙이다가 회원들의 원성을 사기 일쑤다. 놀이공원에서 새치기하거나 예쁜 사진 한 장을 찍기 위해서라면 '들어가지 마시오'라는 팻말 정도는 가볍게 무시한다. 필요에 따라 거짓말을 하기도 한다. 물론 그녀에게 그 정도의 거짓말은 애교에 지나지 않는다. 최근에도 식당에서 옆 손님과 크게 다투는 일이 벌어졌다. 오랜만에 여고 동창들을 만나 신나게 수다를 떠는 중에 옆자리 손님들의 조용히 해달라는 부탁에 화가 났다. 거기까지는 참을 수 있었다. 하지만 그녀의 여섯 살 아들과 친구의 다섯 살 딸이 여기저기 뛰어다니는 걸 식당 주인이 제지하자 더는 참지 못하고 언성을 높였다.

"어머 사장님! 그 나이 애들이 다 그렇게 돌아다니고 그러는 거지, 왜 애를 기죽이는 거예요?"

이에 반해 그녀의 남편은 매사가 조마조마하다. 가족 모임이나 아파트 주차장 등에서 수연 씨가 무슨 말이라도 하려고 하면, 남편은 늘 그녀를 말리기에 급급했다. 그녀는 오히려 매사 조심스럽고 신중하기만 한 남편이 답답하고 못마땅하다. '저러니까 진전이 없지. 저렇게 매번 눈치 보고 양보하고 도대체가 매가리가 없어.' 오늘도 수연 씨는 남편을 보며 가슴이 꽉 막힌다.

주도성 vs. 죄책감

얼마 전 유치원생 아들과 함께 길을 가는 엄마를 보았다. 둘 다 휴대폰을 손에 들고 각자 무언가에 흠뻑 빠져 있었다. 횡단보도를 건널 때였다. 앞서가던 엄마는 신호등을 무시하고 빨간불에서 길을 건넜다. 뒤따르던 아이조차도 신호등을 보지 않고 여전히 휴대폰에서 눈을 떼지 못한 채 길을 건넜다. 교통신호를 가뿐히 무시하는 모자를 보면서 나는 걱정이 앞섰다. 이 시기에 배워야 할 가장 중요한 것을 놓치고 있다는 사실을 엄마는 전혀 모르고 있다.

3단계는 학령전기라 불리며 만 3세부터 만 6세까지를 말한다. 학교에 들어가기 직전의 아이들이 이 단계에 해당한다. 이 시기 아이들은 활발하게 놀고, 목표를 달성하려고 노력하고, 이기려고 경쟁한다. 이들은 겉으로 보기에 한계가 없는 무한한 목표를 향해 움직인다. 그리고 언어능력이 급격히 발달하면서 호기심이 폭발한다. 주변을 향해 끊임없이 질문을 퍼붓지만 남의 말은 귀담아듣지 않는다.

이 단계에서의 발달과제는 바로 주도성이다. 2단계 유아기에서 획득한 자율성을 바탕으로 아이들은 이제 어떤 일을 단순히 할 수 있는 것을 넘어서 활력 넘치게 할 수 있는 역량을 갖는다. 그렇다 보니 자칫 한눈을 팔면 사고로 이어지기도 한다. 높은 곳에 올라가다가 낙상 사고를 당하거나 찻길로 뛰어들다가 다치는 일도 비일비재하다. 부모로서는 이때가 가장 위험천만한 때다. 이 시기를 가장 잘 표현하는 단어는 '침투적'이라는 말이다. 이 시기 아이들은 원기 왕성한 운동력으로 공간을 넘나든다. 신체적인 공격으로 다른 사람들의 몸에 해를 입히고, 공격적이고 거친 말로 다른 사람들의 귀나 마음에 침투하기도 한다. 이러한 침투적이고 침범적인 태도를 진정한 주도성으로 바꿔주지 않으면 무모하고 잘못된 행동을 서슴지 않게 된다.

사회적으로 설정된 범주와 행동의 경계를 배우는 시기가 바로 이때다. '이건 해도 되지만, 저건 하면 안 되는 거야'를 배우는 시기가 2단계라면, 3단계에서는 '여기까지는 허용이 되지만, 이 경계를 넘어가는 건 절대로 용납될 수 없는 일이야'와 같이 구체적이고 실질적인 경계를 배워야 한다. 아이들은 본능적으로 경계의 의미를 이해하며 구조에 대한 욕구가 있다. 하지만 경계가 거의 없거나 희미한 엄마들은 아이에게 적절한 한계를 제시해주지 못한다.

　이 시기 아이들은 자기 나름의 기대와 목표가 쉽게 이루어질 수 없다는 것을 깨닫게 되면서 내부에서 일어나는 충동과 사회적 금지 사이에서 갈등을 겪게 된다. 이때 아이는 사회적 금지를 내면화하여 죄책감을 느낀다. 앞서도 언급했지만 경계를 넘어갈 때 느끼는 감정이 바로 죄책감이다. 놀이 중 금을 밟을 때 느끼는 감정과 유사하다. 사실 죄책감은 나쁜 감정이라 볼 수 없다. 죄책감은 사회적 약속을 저버렸거나 혹은 자신의 행동이 다른 사람의 신체나 감정에 상처를 주었을 때 느끼는 아주 꺼림칙한 감정이다. 죄책감의 긍정적인 기능은 이런 불쾌한 기분을 안겨줄 만한 행동을 애초부터 피하게 한다는 점이다. 죄책감은 다른 사람에게 해가 되는 행동을 삼가도록 경고한다. 잘못을 바로잡고 다른 사람과의 관계를 회복하고자 노력하도록 만든다. 따라서 죄책감은 인간관계를 유지하도록 돕는 사회적 감정이다.

만약 학령전기 단계에서 사회적 범주에 대한 명확한 한계를 배우지 못하면, 어른이 되어서도 안전 불감이 되기 쉽다. 이런 사람은 운전하면서 신호와 속도를 위반하는 것이 예사다. 앞차가 조금이라도 지체하면 욕설을 내뱉거나 경적을 심하게 울린다. 달리고자 하는 자신의 행동이 제어되지 않는다. 비단 운전뿐 아니라 실제 생활에서도 지나치게 경계가 희미하다. 남의 일에 과도하게 끼어들거나 참견하는 것은 물론이고 오지랖이 넓다.

반대로 죄책감이 지나치면 행동에 너무 많은 제동이 걸린다. 늘 자신의 행동이 괜찮은지, 주변 상황이나 환경이 괜찮은지를 확인하느라 바쁘다. 그래서 정작 하고자 하는 일을 제대로 못 한다. 소위 말하는 '걱정봇'이 될 수 있다. 이들은 지나치게 염려하고 걱정한다. 잠들기 전에도 창문을 제대로 닫았는지를 여러 차례 확인하고, 여행에서도 사고가 날까 봐 긴장되어 여행을 충분히 즐기지 못할 수도 있다.

목적과 탐욕

이 시기의 미덕은 목적이다. 여기서 목적은 제지당하거나 죄책감을 느끼지 않고 목표를 향해 나갈 수 있는 용기를 의미한다. 하지만 긍정적인 경험보다 부정적인 경험이 훨씬 더 많으면 '탐욕'의 문제에 사로잡힌다. 앞서 1단계 영아기의 죄였던 탐식은 몸이 취할 수 있는 한계를 시험하는 것이다. 반면 탐욕은 어디까지 도달할 수 있는지를 알아보고자 사회적 한계를 시험하고 때로는 그 선을 넘어가는 것을 말한다. 쉽게 말해, 탐식이 뭐든 빨아들이는 진공청소기라면, 탐욕은 속도를 제어하지 못한 채 집 안 곳곳을 휘젓고 다니는 고장 난 로봇청소기에 가깝다. 탐욕으로 인한 충동성은 과도함으로 나타난다. 다른 사람들의 물건을 함부로 망가뜨리거나, 식당이나 공공장소에서 고래고래 큰 소리를 지르거나, 이리저리 마구 뛰어다닌다. 지나치게 말하고 격렬하게 움직이고 과도한 호기심을 갖는 것은 이 연령대 아이들의 특징이다. 이러한 특징은 때로는 다른 사람의 소유와 권리를 무시하는 태도로도 나타난다. '크는 아이들이 다 그렇지, 뭐'라는 안이한 생각으로 방임하면 문제가 된다.

이 단계에서 아이들은 자신 앞에 펼쳐지는 무한한 반경을 조망할 수 있는 능력을 갖춰나간다. 이때 자신이 하고자 하는 일이나 갖고자 하는 것에 한계가 있다는 걸 배우지 못하면 절제나 통제가 어렵다. 세상은 경계가 없는 것처럼 보이지만 실제로는 그렇지 않다. 이 단계의 아이들은 세상의 경계들을 고려하면서 현실적인 태도를 배워야만 한다. 이때 제대로 배우지 못하면 이들은 객관적 세상을 무시한다. 쉽게 말해, 일반적인 사회적 지침이나 법칙을 따르지 않는다. 무소불위가 되어 다른 사람들에게 해를 끼치면서도 자신들의 잘못된 행동을 깨닫지 못한다. 죄책감도 이들을 바로잡지 못하고 어떤 제지도 받지 않고 막무가내로 상황 속으로 돌진하게 된다.

2019년 어린이 보호구역에서의 교통사고를 예방하기 위해 소위 '민식이법'이 개정되고 시행되었다. 그런데 이후 초등학교 앞 도로에서 일명 '민식이 놀이'가 번져갔다. 학교 앞 도로에서 달리는 차를 향해 뛰거나 혹은 차를 따라 질주하는 등의 위험천만한 놀이다.

부모는 아이의 진정한 욕구를 억제하지 않으면서 위법적이고 과도한 행동들을 바르게 잡아주고 통제함으로써 침범성을 주도성으로 바꿔줘야 한다. 앞서도 말했지만, 이때는 훈육이 절대적으로 필요한 시기다. 그래야 올바른 범위 안에서 자기를 조절하고 통제할 수 있다. 이때 바람직한 훈육을 하지 않으면 현실 세계에 분명히 존재하는 참된 경계를 알 수 없다. 특히 이 시기의 발달과제를 적절히 수행하지 못하면, 사춘기에 일탈이나 문제 행동을 저지르기 쉽다.

하지만 아이를 어떻게 훈육을 해야 할지 모르겠다고 하소연하는 엄마들이 많다. 엄마 스스로 통제나 조절이 어렵거나 혹은 올바른 행동에 대한 지침을 잘 모른다. 어렸을 때 이에 대해서 배우거나 경험한 적이 없기 때문이다.

앞서 언급했던 사례의 주인공인 수연 씨는 다섯 형제 중 막내로 태어났다. 소위 말하는 '쉰둥이'다. 그녀가 태어날 때 이미 그녀의 아버지는 50세가 넘었다. 게다가 몸이 약한 그녀는 집안의 독불장군이었다. 뭐든 원하는 대로 재깍재깍 이루어졌다. 수연 씨는 유난히 고집이 셌다. 한번 갖고 싶은 것은 반드시 가져야만 직성이 풀렸다. 같은 장난감이라도 원하는 대로 가질 수 있었으며 마음에 들지 않는 상황에서는 땅바닥에서 뒹구는 게 일상이었다. 게다가 어린 수연은 금방 싫증을 느꼈다. 그녀의 언니나 오빠의 말에 따르면, 친구들을 때리거나 물건을 뺏는 것도 다반사였다. 언니나 오빠의 뺨을 때리거나 침을 뱉기도 했다. 안하무인 꼬마는 그렇게 경계도 한계도 없이 자신만의 세상에서 자랐다.

잔뜩 움츠린 채 경계하는 엄마_ 취약성의 덫

막무가내인 수연 씨의 경우와는 반대로 돌다리만 두드리다가 결국 강을 건너지 못하는 사람들이 있다. 돌다리가 조금이라도 흔들리면 기겁을 하고 그 자리에 주저앉는다. '역시 이건 위험해. 건너

면 안 되겠어.'

어린 시절 병을 앓았거나 교통사고와 같은 심각한 사고를 당하면 아이는 자신이 취약하다는 생각에서 벗어나기 어렵다. 지나치게 걱정이 많거나 불안이 높은 부모가 아이를 과보호했을 때도 이 덫에 걸리기 쉽다. 이런 부모들은 주로 "하지 마! 위험해!!"라는 말을 입에 달고 산다. 부모의 이런 과도한 보호는 아이로 하여금 자신이 상당히 취약한 존재이며 자신에게는 무언가를 다룰 만한 능력이 없다고 믿게 만든다. 이러면 행동에 제약이 생길 뿐 아니라 세상에 대한 경계와 한계가 잘못 설정되기 쉽다.

취약성의 덫은 늘 불안을 동반한다. 안 좋은 일이 생길 것이라는 걱정에 더해, 자신에게는 문제를 해결하거나 대처할 만한 자원이 없다고 생각한다. 그래서 미리미리 대비하거나 만반의 준비를 하고자 한다. 자신뿐 아니라 가족의 안전에 대해서도 지나치게 걱정한다. 남편의 지나친 간섭과 억압 때문에 숨이 막힌다고 하소연하던 엄마의 이야기다. 그녀의 남편은 자녀가 셋이나 있지만 절대로 운전을 하지 못하게 한다. 집에서 조금 떨어진 마트도 이 집에서는 혼자서 가는 게 금지다. 심지어 친정집을 갈 때도 항상 남편이 동행해야 한다. 남편은 가족의 안전을 위해서라고 말하지만, 이는 '아름다운 구속'이 아니라 그냥 구속이다. 물론 살면서 어느 정도의 조심과 대비는 필요하다. 다만 도가 지나치면 문제가 된다.

이들은 무엇보다 상황을 통제할 수 있는 능력을 잃어버릴까 봐 극도로 불안하다. 그래서 경계를 게을리하지 못한다. 익숙한 환경을 선호하며, 낯설고 새로운 환경이나 상황에 대해서는 불편감을 호소한다. 늘 긴장하고 신경이 곤두서 있다. 이처럼 이들은 건강과 질병, 위험, 가난 그리고 통제력 상실에 취약하다. 공황장애로 고통받기도 한다.

아직도 엄마 손을 놓지 못하는 엄마_ 의존의 덫

동네 좁은 길에서 일곱 살 정도의 아이가 우물쭈물하고 있다. 3미터도 채 안 되는 거리인데도 건너지 못하고 이쪽저쪽을 보고 또 본다. 오는 차가 전혀 없는데도 발을 떼지 못하는 아이에게는 지금 손을 잡고 함께 걸어갈 엄마가 필요한 것이 아닐까?

세상 속으로 과감하게 뛰어들어 자신의 능력을 발휘하는 것은 자율성의 핵심이다. 성장 과정에서 자율성과 독립성은 필수 불가결하다. 하지만 어린 시절 부모가 과도하게 보호하거나 혹은 반대로 제대로 보호해주지 않은 환경에서 자랐다면 의존의 덫에 빠지게 된다. 예를 들어, 아이가 스스로 해보기도 전에 부모가 끼어들어 대신해주면 아이는 독립심을 기를 수가 없다. 당연히 시행착오도 경험할 수가 없다. 부모가 아이의 독립적인 시도를 방해할 때도 문제가 된다. "거봐, 엄마가 뭐랬니? 엄마 말 안 들으니까 그런 거잖아." "나중에 힘들다고 징징거리면 가만 안 둬!" 이런 부모의 말은 자녀의 독립심을 빼앗고 의존성을 강제로 떠안긴다.

영은 이들을 '어른들의 세상에 던져진 어린아이'라고 불렀다. 대체로 부모가 과도하게 보호하면, 아이는 혼자서는 문제를 해결할 수 없다고 여긴다. 자신은 뭔가 부족해서 다른 사람의 적절한 도움 없이는 생활하기가 어렵다고 믿는다. 아이의 학원을 선택할 때도 자신이나 아이의 의지가 아니라 주변의 권유 혹은 정보에 과도하게 끌려가는 엄마들이 많다. 자신의 판단을 신뢰하지 못하기 때문이다. 익숙한 상황에서는 다른 사람들의 판단을 참고해서 진행할 수 있지만, 새로운 상황에서는 자신이 없다. 그래서 이들은 대체로 변화를 싫어하며 익숙한 환경을 좋아한다. 누군가 충고하고 조언해줄 사람이 곁에 없으면 길 잃은 아이처럼 불안하다. 심지어는 냉장고나 세탁기 하나를 바꾸는 데도 여러 사람의 동의를 구하거나 정보를 취합하느라 진을 뺀다. 주로 우유부단하고 답답한 태도를 보인다.

반대로 부모가 전혀 보호해주지 않는 환경, 즉 부모가 심하게 아팠다거나 혹은 부재한 환경에서 제대로 된 돌봄이 주어지지 않았다면 항抗의존의 덫에 걸린다. 이들은 어린 나이임에도 불구하고 스스로 결정하고 선택해야 했다. 대부분 가족 내에서 어른처럼 지냈다. 오히려 자녀가 부모의 역할을 했던 것이다. 오랫동안 알고 지낸 한 엄마는 여섯 살 때부터 밥상을 차렸다고 한다. 그래서일까? 이 엄마는 모임에서 굳이 하지 않아도 될 일까지 혼자 도맡아서 한다. 굳이 그러지 않아도 된다고 하면 다른 사람이 해놓은 게 성에 차지 않아서라고 말한다. 하지만 그녀의 행동에서는 당당함이나 뿌듯함보다는 불안이 엿보였다. 이들은 겉으로는 독립적이고 능력 있는 것처럼 보인다. 그렇지만 사실 마음속 깊은 곳에는 안전한 느낌이 없고 의존적인 상태에 머물러 있다. 뭘 해도 편안하거나 자유롭지 않다.

뭐든 내 마음대로 하려는 엄마_ 특권 의식의 덫

며칠 전 짧은 기사를 본 적이 있다. 어느 아파트 지하 주차장에서 아빠와 아들이 캐치볼 놀이를 하고 있었다. 이를 본 주민이 걱정되어 다른 곳에서 하면 안 되겠냐고 물었다. 아이의 아빠는 다짜고짜 소리를 지르며, "내가 내 아이와 놀겠다는데 당신이 뭔데 이래라저래라 하는 거야?"라고 덤벼들었다.

어렸을 때 정서적으로 차갑고 박탈적인 부모에게 자랐다면 이 덫에 빠지기 쉽다. 이들은 부모로부터의 비난과 멸시를 보상받거나 거기에서 도망치기 위해 특권 의식을 키웠을 수도 있다. 이들은 자신이 문제의 근원임을 인정하는 대신 남 탓을 하는 경향이 있다. 엄마라면 비난의 화살을 자녀에게 돌리면서 불편한 감정으로부터 빠져나오려 한다. "이게 다 너 때문이야! 너만 아니어도 이런 일은 일어나지 않았어."

특권 의식에 빠진 사람들은 다른 덫과 달리 자신의 문제를 거의 인식하지 못한다. 그래서 살아가면서도 별다른 불편함을 못 느낀다. 다만 가까운 사람들이 이들로 인해 고통을 겪는다는 것이 문제다. 이들은 다른 사람들이 지키는 정상적인 규칙이나 관례를 따를 필요가 없다고 느낀다. 대체로 어린 시절 통제나 제한을 경험하지 못했기 때문이다. 그리고 일상적이고 지루한 일들을 완수하거나 감정을 조절하는 습관을 기르지 못했다. 이들은 자신의 욕구에 너무 몰입한 나머지 타인의 욕구를 무시하기 일쑤다. 어른이 되어서도 원하는 것을 얻지 못할 때 매우 화가 난다. 자신이 원하는 건 뭐든지 즉각적으로 가질 수 있다고 생각한다. 특권 의식이 강한 엄마라면 자녀에게 당연히 요구하거나 자기 뜻대로 움직이지 않는 상황에서는 화가 폭발한다. "한번 말하면 알아들어야지, 엄마가 몇 번을 말해야 하는 거야?" 자신의 말이 떨어지기가 무섭게 아이가 곧바로 실행해야 직성이 풀린다. 이들에게는 모든 것이 너무나 당연하다. 이기적이고 요구가 많고 남을 조종하는 경향도 강하다. 지극히 자기중심적이다. 흔히 말하는 자아도취형 인간으로 보인다.

유한한 세상에서 남과 더불어 살아가는 우리는 현실적인 한계를 알아야 한다. 여기서 현실적인 한계란 행동에 대한 내적, 외적 한계를 두루 말한다. 때에 따라 가능하지 않은 것도 있다는 사실을 겸허히 수용해야 한다. 현실적인 한계를 깨달을 때 우리는 비로소 타인의 욕구를 이해하게 된다. 두 욕구 간의 균형을 맞추는 능력이 생긴다. 나아가 타인의 욕구를 고려하면서 행동할 수 있다. 사회적 기준에서 벗어나지 않고 우리의 목적을 달성하고, 자기조절과 자기 규율을 지켜나가는 것은 중요하다.

엄마의 기억 노트

3단계 학령전기의 기억을 모두 기록해보세요. 이 시기는 기억이 나는 부분도 있지만 대체로 기억이 잘 나지 않으므로 부모나 형제자매 혹은 가까운 친지 등에게 도움을 청할 수도 있습니다. 또는 지금까지 살아오면서 들었던 이 시기의 내용을 생각나는 대로 적어보세요.

구체적인 상황	생각이나 감정

자존감이
바닥인 엄마

"이것도 성적이라고 받은 거니? 바보가 풀어도 이것보다는 낫겠다."

"글씨를 발가락으로 쓴 거야? 글씨 꼴이 이게 뭐냐?"

예인이는 이제 초등학교 2학년이다. 예인이 엄마 현아 씨는 예인이의 성적뿐 아니라 학교생활 전반으로도 뭔가 부족한 부분이 보이면 참고 견디기가 어렵다. 성적이 조금이라도 떨어지면 화를 내며 아이에게 상처가 되는 말을 마구 퍼붓는다. 교육에서 만난 그녀는 이분법적 사고에 갇혀 있었다. 학교 성적은 1등 아니면 꼴찌, 100점 아니면 0점이라고 말한다. 예인이가 해낸 것보다는 못한 것에 항상 시선이 먼저 간다. 예인이의 속도를 기다려주지 못하고 지나치게 몰아붙이다 보니 모녀 관계는 늘 아슬아슬하다.

하루는 예인이의 친구들이 놀러 왔다. 소꿉놀이를 지켜보던 현아 씨는 화가 머리끝까지 치밀어 올랐다. 소꿉놀이에서 예인이는 늘 선생님이 아닌 학생, 의사가 아닌 환자 역할을 맡았다. 친구들이 가자마자 그녀는 딸에게 다짜고짜 막말을 퍼붓는다.

"최예인!! 너 바보야? 왜 너는 항상 학생이고 환자만 하는 거야? 너도 선생님 할 수 있잖아. 너도 의사 하란 말이야!"

도무지 욕심을 내지 않는 딸을 보는 현아 씨는 속이 탄다. 요즘 시대에 경쟁에서 살아남으려면 악착같이 달려들어야 하는데도 불구하고 늘 양보하고 뒤로 물러나는 딸이 못마땅하다. 하지만 엄마가 다그치고 화를 낼수록 예인이는 더욱 움츠러들고 무력감에 빠진다. '난 뭘 해도 안 돼!'와 '해도 그만 안 해도 그만'이라는 생각, 다시 말해 자기 비난과 포기 사이를 시소를 타듯 하고 있다.

근면성 vs. 열등감

4단계는 학령기 또는 아동기라고 불리며 이 단계에 이르면 아이들은 이제 단순한 놀이에는 흥미를 잃는다. 대신 무언가를 잘할 수 있게 되기를 원한다. 그냥 단순히 해보는 게 아니라 '잘' 하고 싶어 하고, 자신이 한 것들에 대해서 인정받기를 원한다.

학교를 들어가면서 아이들은 훨씬 더 효과적으로 과제를 수행할 수 있도록 고안된 방법과 기술들을 배우게 된다. 즉, 글자를 배우고 수 개념이나 공식, 구구단 또는 악기 등을 배우면서 도구적인 세계의 인위적인 법칙에 눈을 뜬다. 드디어 성인기의 삶에 한층 더 가까워진다. 이 단계에서의 발달과제는 근면성이다. 근면성은 도구를 사용하는 세상의 법칙에 적응하고 생산적인 상황에 의욕적으로 참여하는 것을 말한다. 이를 위해서는 지속적인 주의 집중과 인내가 절실히 요구된다. 근면성은 배우겠다는 내재적 동기부터 시작해서 마음먹은 대로 되지 않아도 포기하지 않고 끝까지 견뎌내는 힘을 말한다. 여기에 더해 노력하면 원하는 결과를 얻을 수 있다는 낙관적인 기대도 근면성의 한 줄기다.

학령기는 말 그대로 본격적으로 학습이 시작되는 시기다. 학습은 학교에서의 공부를 말하기도 하지만 일상에서 배우는 모든 것을 포함한다. 예를 들어, 줄넘기, 수영, 자전거 타기 등도 학습에 해당한다. 학습은 모르는 걸 알아가는 과정이나 혹은 안 되던 것을 할 수 있게 되는 과정을 말한다. 학습에서 아이가 익혀야 하는 건 근면성이다. 학습은 절대로 쉽지 않다. 모르는 걸 알기까지 일사천리로 학습이 진행되지는 않는다. 엉기고 꼬이는 과정의 반복이다. 자전거를 타기로 마음먹는다고 해서 그 즉시 자전거를 탈 수 있는 것은 아니다. 자전거에 올라타는 것부터가 난관이다. 어찌어찌 올라탔다고 하더라도 중심을 잡기란 쉽지 않다. 좌우로 흔들거리는 핸들을 꽉 잡고 나아가려는 방향을 고려해가면서 타기 위해서는 수차례의 넘어짐과 일어섬을 반복해야 한다. 무릎이 까지고 피가 나도 견뎌내는 인내도 필요하다. 이 과정에서 자전거를 타는 기술적인 능력뿐 아니라 근면성도 습득된다.

이제는 평생학습의 시대다. 비단 학령기뿐 아니라 평생 우리에게는 학습이 필요하다. 앞으로는 배우지 않으면 생존하고 적응하기가 불가능하다. 그렇다면 근면성은 일생을 살아가는 우리에게 없어서는 안 되는 덕목이라 해도 절대 과언이 아니다.

이 시기가 되면 무언가를 만들어냄으로써 인정을 받는다. 이는 성인기에 이르러 생산적인 일에 의욕적으로 참여하기 위한 기초 작업이다. 하지만 초등학교에 들어간 아이들은 자신의 장점과 능력을 아직 충분히 자각하지 못하며, 다른 아이들과의 비교를 통해 스스로 불리하다는 생각을 하기 쉽다. 이때 인정받기는커녕 무능하다는 평가를 받거나 비난이 뒤따를 때 열등감에 빠지게 된다.

열등감을 일으키는 원인은 다양하다. 지금까지 살펴본 1단계부터 3단계까지의 심리 사회적 위기가 적절하게 극복되지 않았을 경우가 첫 번째 원인이다. 다시 말해 단계별로 주어진 발달 과업을 제대로 해결하지 못했을 때 내면에 열등감이 두텁게 자리 잡는다. 그리고 가정 내에서 학교생활에 대한 준비를 미처 하지 못했을 때도 열등감에 빠지기 쉽다. 이에 더해 교사나 또래들로부터의 부정적인 평가와 피드백을 듣게 됨으로써 열등감이 자라기도 한다. 이처럼 성장 과정에서 생긴 정서적 문제, 학교에서의 적응 문제 또는 그 외에 다양한 이유로 생긴 무능력이 열등감을 부풀린다.

학령기의 근면성은 이후로도 학습에 영향을 미치며 이 능력은 평생에 걸쳐 지속된다. 이 시기에 순조롭게 근면성을 발달시키면, 청소년기에도 자기 일에 전력을 다한다. 그 결과 자신감을 갖게 되어 건강한 자아정체성으로 이어진다.

앞서도 언급했지만 발달단계에서는 긍정적인 축과 부정적인 축의 균형이 중요하다. 마찬가지로 근면성과 열등감 사이에도 적절한 균형이 중요하다. 근면성이 지나치게 강조되는 환경에서 과도한 자극을 받으면 성장에 문제가 생긴다. 적절한 칭찬과 지지는 근면성의 감각을 키우는 데 좋은 양분이 되지만, 도가 지나치면 오히려 해가 된다. '불가능이란 없다'라는 마음으로 똘똘 뭉쳐서 지나치게 자신을 극한으로 밀어붙이게 된다. 자기 존재가 아니라 자신이 해낸 성과물로 자신의 가치를 평가받으려고 든다. 자칫 일중독이나 성취중독이 될 수 있다. 이들은 성공과 성취만이 자신이 사랑받는 유일한 방법이라고 굳게 믿는다.

반면 열등감의 경험이 지배적이라면 무기력해지기 쉽다.

"이게 뭐라고 10분째 못 풀고 있는 거야? 얘는 누굴 닮아서 머리가 이 모양이니?"

"넌 운동신경이 영 아닌 것 같다. 그만둬!"

이 시기에 부모로부터 칭찬과 지지보다는 비난과 핀잔을 주로 듣는다면, 자신의 능력에 대한 감각을 잃을 수밖에 없다. 자신은 뭘 해도 안 되는 사람이라 여겨 무기력이 생활 전반으로 스며든다. 이런 아이들은 저성취 유형이 될 확률이 높다. 비판이나 평가를 두려워하며 움츠러들고 주눅이 든다. 실패를 두려워하기 때문에 자신이 가진 잠재력을 양껏 발휘하지도 못할뿐더러 되도록 눈에 띄지 않으려 애쓴다. 어른이 되어서도 무슨 일이든 끈기 있게 매달리기보다는 포기하기 위한 타당한 이유를 찾는다. 결과가 뻔히 보일 때는 아예 시도조차 하지 않으며, 실패에 대한 내성이 약하다. 이들은 자신이 사랑받는 유일한 방법은 '보이지 않는 것'뿐이라고 굳게 믿는다.

근면성을 위해서는 아주 작은 것부터 스스로 해보고 성취감을 맛봐야 한다. 이 시기 아이들에게는 성취에 대한 적절한 칭찬과 지지는 중요하다. 하지만 그만큼 또 필요한 것은 실수나 실패를 했을 때, 부모가 격려해주는 것이다. 특히 자신이 해낸 것에 대해 실망하고 그 실망감을 적절히 잘 승화시키는 법을 배우지 못하면 근면성은 자랄 수가 없다. 성장 중인 아이들에게 실수나 실패는 필연이다. 이때 실수나 실패 그 자체보다는 실수나 실패를 어떻게 받아들이는가가 중요하다. 실수와 실패는 끝이 아니라 성공으로 가는 과정임을 알아야 한다. 아이의 근면성을 키워주기 위해서는 부모 자신의 근면성이 요구된다는 것은 당연지사다.

유능감과 시기

많은 전문가들이 이 시기를 자존감이 형성되는 결정적인 시기라고 입을 모은다. 자신이 개인적, 사회적, 직업적 영역에서 가치 있는 존재라는 느낌이 바로 자존감이다. 탄탄한 자존감이 받쳐주지 않으면 점차 확대되는 현실의 문제들을 감당해나가기에는 역부족이다. 이 단계에서의 미덕은 능력 또는 유능감이다. 학교교육은 '강한 자아'를 형성하고, 이 강한 자아가 능력의 감각을 키워준다. 중요한 것은 능력 그 자체가 아니라 '능력의 감각'이라는 점이다. 실질적으로 잘해내는 것이 아니라 잘해낼 수 있다는 확신이 중요하다. 이때 아이들에게 필요한 것은 무엇보다 직접 해보는 경험, 즉 실질적인 훈련이다. 무엇이든 직접적인 훈련이 뒷받침되지 않으면 능력으로 이어지기 어렵다. TV 프로그램 〈생활의 달인〉에 나오는 달인들을 보면 알 수 있듯이 꾸준한 훈련을 통해 특정한 기술이 습득되면 그게 바로 자신의 능력이 된다. 비록 지금은 상대방만큼 능력을 갖추고 있지 않지만, 오랫동안 훈련하면 언젠가 나도 저들과 똑같아지리라는 기대가 중요하다. 따라서 이 시기 아이에게는 '학습의 달인'이 되기 위한 무던하고 반복적인 연습이 필요하다. 학습의 달인은 학습 능력이 뛰어난 사람이라기보다는 학습을 잘할 수 있다는 감각을 지니고 훈련과 연습을 게을리하지 않는 사람을 일컫는다.

학령기 아이들은 또래와의 비교와 경쟁으로부터 자유롭지 못하다. 그래서 자신보다 더 잘해내는 친구를 시기하기 쉽다. "나는 열등해"라는 말은 언제나 자신보다 우월하다고 생각하는 어떤 사람과 비교했을 때 내뱉는 말이다. 시기는 다른 사람보다 자신이 열등하다는 생각에서 생겨난다. 시기는 자신이 가지고 싶은 걸 다른 사람이 가지고 있다는 사실을 바라보는 것 이상의 감정이다. 상대방에게는 있지만, 나한테는 없는 그 장점이나 소유 때문에 나 자신이 창피하거나 모자라게 여겨질 때 문제가 된다. 하지만 시기는 소유에만 한정되지 않는다. 능력에 대한 시기는 그보다 더 깊고 복잡하다.

초등학교 때 기억 중 지금까지도 나의 뇌리에 가장 선명하게 남은 건 바로 '친구의 글씨'다. 당시 가장 친했던 단짝 친구가 학교 내에서 진행된 글씨 쓰기 대회에서 1등을 했다. 마치 타자로 친 듯이 반듯반듯하게 줄 세워진 글자들을 보면서 내 마음속에서는 감탄에 더해 묘한 시기가 불타올랐다. 시기는 친구의 평판을 깎아내리거나 아래로 끌어내림으로써 흠집 내려는 충동을 불러일으킨다. "흥, 저것도 글씨라고. 운이 좋았을 뿐이야. 늘 잘 쓰는 것도 아닌데, 뭐"라든가 "글씨만 잘 쓸 줄 알지 공부는 못하잖아"라는 식의 험담을 하기 쉽다.

시기는 험담에 그치는 것이 아니라 행동 자체를 회피하게 만든다. 예를 들어 글씨를 잘 쓰는 친구 앞에서는 절대로 글씨를 쓰지 않는 식이다. 부정적 시기는 점차 내면화되어 스스로에게 치명타를 입힐 수도 있다. 상대방의 장점이나 소유를 '어쩔 수 없는 벽'이라 받아들이고 궁극에는 아무것도 시도하지 않게 된다. 근면성이 생산적인 상황에 적극적으로 참여하도록 만든다면, 시기는 근면성을 야금야금 갉아먹는다.

하지만 시기가 꼭 나쁜 것만은 아니다. 에릭슨은 "참으로 근면한 사람은 자신들의 시기를 승화시켜 자신의 성장에 유익을 주는 방향으로 사용하는 것을 배우는 사람들이다"라고 말했다. 자신보다 뛰어난 친구의 능력이나 역량은 우리를 자극하기도 한다. 따라잡기 위해 노력하게 만든다. 다행히도 나는 후자에 속했다. 나는 익숙한 글씨체를 버리고 친구처럼 써보려고 공책이 새까맣게 되도록 글씨를 연습했다. 하지만 쓰고 또 쓰는데도 친구처럼 글씨를 쓰는 것은 힘들었다. 결국에는 친구처럼 쓰는 건 포기했지만, 그 대신 글씨체의 매력에 빠지게 되었고 글씨가 좀 더 정갈해졌다.

능력과 훈련은 시기하고 상대방을 깎아내리는 데 쓸데없는 에너지를 소진하는 것을 막아준다. 만약 스스로 능력이 있다고 여긴다면 자신보다 뛰어나거나 재능이 있는 친구들을 그다지 개의치 않는다. 비록 친구처럼 능력을 갖추지는 못했지만, 자신만의 기량을 소중하게 여기고 최대한 활용하려고 애쓴다.

이제 현아 씨의 과거로 돌아가보자. 그녀는 세 살 많은 언니가 있다. 언니는 뭐든 다 잘하는 능력 있는 딸이었다. 다방면에서 뛰어날 뿐 아니라 공부도 잘했다. 뭐든 똑 부러지게 해내는 성격에 매사 최선을 다하는 언니는 부모님의 자랑이었다. 명절에 친척 집에 가면 항상 어른들의 관심을 독차지했다. 좋은 유전자는 언니에게 '몰빵' 되었고, 자신은 늘 2퍼센트 부족했다. 어린 현아는 자의 반 타의 반 화려한 언니의 그늘에서 지냈다. 언니가 반짝이면 반짝일수록 그늘은 더욱 춥고 어두웠다. 불행히도 어린 현아는 언니와는 초등학교부터 고등학교 때까지 내내 같이 다녔다. 언니와의 비교는 아무리 발버둥 쳐도 벗어날 수 없는 숙명이었다. "너희 언니가 윤정아니? 어쩜 언니와 동생이 이렇게 다르지? 언니는 정말 똑똑했는데, 혹시 엄마, 아빠가 다른 건 아니지?" 중학교 때 국어 선생님이 농담처럼 하신 말씀이 아직도 벌레처럼 현아 씨의 머릿속을 기어 다닌다.

잘하는 게 아무것도 없다고 느끼는 엄마_ 결함의 덫

어린 시절 부모가 사사건건 토를 달거나 혼을 내면 아이는 자기 존재가 결함이 있다고 여긴다. 혹은 부모가 아이에게 실망했다는 소리를 자주 했을 때도 아이의 자존감은 치명상을 입는다. 형제자매들과 비교당했거나 차별을 받으며 자랐을 때도 마찬가지다.

결함과 가장 관계가 깊은 감정은 수치심이다. 수치심에 빠진 사람은 자기 존재 자체가 문제투성이라고 느낀다. 수치심은 감당하기가 너무 고통스러운 감정이기 때문에 어떻게 해서든 이 감정으로부터 도망치거나 회피하려고 한다. 어떤 사람들은 수치심을 감추기 위해 몇몇 영역에서 뛰어나고자 노력한다. 스스로 높은 기준을 세워놓고 성공과 지위를 향해 자신을 모질게 채찍질한다. 보잘것없는 존재에 대한 느낌을 돈이나 명예 등으로 멋지게 포장하려든다. 조금이라도 못난 부분을 가리려는 그들만의 처절한 전략이다. 만약 주된 전략이 회피라면 중독 증상이나 강박 증상이 나타날 수도 있다. 음주, 과식, 과로 등은 모두 자신이 무가치하다는 고통으로부터 도망가기 위한 노력의 일환이다. "술을 마시면 제가 꽤 괜찮아지는 기분이랄까, 자신감이 막 생기는 것 같고 목소리도 커져요. 보잘것없는 제가 막 부풀어 오르는 느낌이 들어요." 거의 매일 소주를 마셔야 잠이 든다는 정린 씨의 말이다.

엄마가 결함의 덫에 빠질 때 아이 존재에 대해서도 수치심을 느끼기 쉽다. 자녀가 부모의 성에 차지 않으면 어디 내놓기를 부끄러워한다. 그래서 자녀를 성공과 성취로 이끌기 위해 비판적이고 가혹하게 대한다. 때로 정서적으로 학대하기도 한다. "네가 잘하는 거라곤 숨 쉬는 것밖에는 없지?", "그딴 성적으로 대학은 어림도 없지. 친구들은 나중에 다 판사 검사 될 텐데 넌 뭐가 되려고 그래?"

결함과 학대는 서로 맞물려 있다. 자신의 수치스러운 감정과 아이들을 비난하고 거부하는 행동은 서로 덩어리져서 구분이 어렵다. 이런 엄마는 자신이 어린 시절 당했던 것을 아이에게 똑같이 돌려준다. 아이에게서 결함을 찾기 위해 눈에 불을 켠다. 이런 식으로 자신의 덫을 자녀에게 고스란히 전가한다.

이들은 자신들이 타고나기를 결함이 있다고 철석같이 믿지만, 이들의 결함이란 실제로 존재한다기보다는 부모나 다른 사람에 의해 만들어졌을 뿐이다. 만약 가족들에게 사랑받았거나 소중히 여겨졌다면 자신이 무가치하거나 결함이 있다고 느끼지 않는다.

'내가 그렇지 뭐'라는 말을 달고 사는 엄마_ 실패의 덫

실패의 덫은 학령기 때 경험했던 여러 가지 실패의 경험에서 시작된다. 이들은 실제 시도해서 기대에 미치지 못하는 결과를 내는 일이 많았다. 대체로 어린 시절에 열등감으로 고통받았다. 실제로 다른 아이들이나 형제들에 비해 학업에서나 운동 등에서 열등했었을 수도 있다. 형제자매 간에서 비교를 당하면서 종종 뒤떨어지거나 못난 아이로 취급당했을 때도 이 덫에 빠지기 쉽다. 이들은 주로 남들보다 자신이 재능, 지적 능력, 경력이 모자란다고 느끼며 살아왔다. '내가 하는 일이 다 그렇지 뭐. 기대한 내가 바보지.' 이들은 어른이 되어서도 자신의 실패를 과장하고 실패를 초래할 행동을 함으로써 덫을 지속시킨다. 예를 들어, 시험 전날 옷을 얇게 입고 외출했다가 감기에 걸려 시험을 망치거나, 면접을 앞두고 뭉그적거리다가 지각하는 식이다. 이들은 부정적인 것은 확대하고 긍정적인 건 최소화한다.

집단 상담에서 만난 한 30대 엄마는 자신을 못생기고 매력 없다고 여겼다. 자기 외모와 옷차림 그리고 행동 등에 대한 자신감이 지나치게 낮았다. 실제 외모는 아무런 문제가 없었다. 다만 어린 시절부터 가족들에게 못난이라고 불리면서 자신의 외모를 실패작이라고 인식하는 것이 문제였다. 이 엄마는 자신이 못난이라는 자아상에 맞도록 몸에 맞지도 않은 옷을 입거나 뚱한 표정을 짓고 어수룩하게 행동하고 있다는 점을 생각하지 못했다.

사실 이들은 어린 시절 부모의 높은 기준을 절대 충족하지 못할 거라는 두려움으로 시도 자체를 포기한 경험이 많다. 하다가 잘 안되거나 결과가 좋지 않으리라는 생각이 들면 중도에서 포기해버린다. 해서 결과가 안 좋은 것보다는 하지 않는 편이 좀 더 견딜 만하기 때문이다. 이들에게는 실패 자체보다 실패에 따르는 고통이 더 견디기 어렵다. 자존감은 스스로 가치 있는 존재라고 여겨 개인적, 사회적, 직업적 영역에서 충분히 자신의 가치를 실현할 수 있도록 돕는다. 하지만 실패의 덫에 걸린 사람들은 제 몫을 다하지 못한다. 능력이 안 되어서라기보다는 안 된다고 스스로 믿기 때문이다.

엄마가 실패의 덫에 걸리면 아이에게도 불똥이 떨어지기 쉽다. 엄마가 자신의 실패를 보상하기 위해 지나치게 아이를 경쟁 속으로 밀어 넣기 때문이다. '나는 못 해도 너는 해내야 해!' 또는 '나도 못 했는데, 너까지 그럴 수는 없어'라는 생각에 사로잡혀서 아이의 성취와 성공을 과도하게 요구한다. 앞서 예시로 들었던 예인이 엄마 현아 씨가 여기에 해당한다. 이 과정에서 아이의 욕구나 관심사 등은 뒷전으로 밀려난다. 또는 반대로 아이의 열등감을 부추겨서 아이 또한 실패의 늪으로 끌어당기는 엄마도 있다. 소위 '물귀신 작전'이다. 아이가 무언가를 도전할 때마다 걱정을 늘어놓거나 안되는 상황에 대해 과도하게 부각해서 아이의 기를 꺾는 방식이다.

엄마의 기억 노트

4단계 학령기의 기억을 모두 기록해보세요. 사소한 것이라도 기억에 남는 것이 있다면, 구체적으로 적어보세요.

구체적인 상황	생각이나 감정

'자기'를
잃어버린 엄마

15년 넘게 맞벌이를 했던 정윤 씨는 하루아침에 직장을 잃었다. 회사 사정이 어려워지면서 결국 회사가 문을 닫았기 때문이다. 직장을 다닐 때는 시어머님이 아이 둘을 돌봐주셨다. 지금은 첫째가 초등학교 3학년 그리고 막내가 일곱 살이다. 처음에는 당황스럽고 힘들었지만, 회사를 그만두고 아이들과 함께하면서 한 달 정도는 행복했다. 그런데 날이 갈수록 뭔지 모를 우울감이 몰려왔다. 아이들이 성가시게 여겨지고 모든 게 귀찮아졌다. 점점 화내고 잔소리를 하는 시간이 늘어났다. 어떨 때는 험악하게 인상을 쓰며 아이들을 협박하기도 했다. 어느 날 막내가 엄마에게 조심스레 묻는다. "엄마, 회사 언제 가?"

결혼 전부터 다녔던 직장이 하루아침에 사라졌다. 뭐랄까? 마치 둥지를 잃은 새처럼 별안간 모든 게 두렵고 암담해졌다. 안 하던 집안일을 하려니 서툴고 낯설다. 결혼 이후 줄곧 직장 생활을 했기 때문에 시어머니가 집 안 살림을 도맡아서 했다. '나는 가정주부가 맞는 걸까?'라는 질문에 답하기 어렵다. 게다가 집 안에서 엄마로서 설 자리도 없다. 할머니 손에서 자란 아이들은 정윤 씨보다 할머니를 더 따른다. 잘 때도 엄마보다 할머니를 찾고, 힘들어도 할머니 품속으로 파고든다. 어느 순간 아이들에게는 할머니가 1순위가 되어 있었다. 지금 그녀는 마음에 커다란 구멍이 뚫린 것 같다. 오랜 세월 동안 정성을 다해 가꿔왔던 나무가 뿌리째 뽑힌 느낌이다. 누가 자신을 건들기만 해도 화가 난다. 억울하고 분하다. 하루에도 여러 감정이 뒤죽박죽 그녀를 흔들어댄다. 고래고래 미친 듯이 소리 지르고 싶다가도 문득 하염없이 눈물이 쏟아진다.

정윤 씨는 지금 혼란스럽다. 나는 누구일까? 나의 역할은 무엇일까? 회사에서도, 집에서도, 그 어디에도 나의 자리가 없다.

자아정체성 vs. 정체성 혼란

5단계는 흔히 사춘기라고 불리는 청소년기를 말한다. 이 단계에서 아이들은 2차 성징 등 신체적으로 급격한 발달을 겪을 뿐 아니라 인지적으로 엄청난 변화를 겪게 된다. 비로소 고차원적인 사고가 가능해지며 추론적이고 개념적인 생각뿐 아니라 먼 미래까지 내다볼 수 있게 된다. 청소년기 이전까지는 부모의 가치관이나 신념을 자신의 것처럼 받아들이며 살아왔다면, 이제는 '나만의 것'을 찾기 위해 고군분투한다. 부모로부터 심리적, 정서적으로 독립을 꾀하며 자신의 정체성을 찾기 위해 무수한 경험과 생각 속으로 빨려 들어간다. 아이들의 말을 빌리자면 생각이 '겁나' 많아지는 때다. 이들은 아동을 떠나 비로소 어른이 되는 문턱에 섰다. 이제는 스스로 결정하고 선택하는 것뿐 아니라, 자신의 선택에 대한 책임을 온전히 지는 법을 배워야 한다.

청소년 시기에 겪게 되는 심리 사회적 위기는 '나는 누구인가'에 대한 답을 내리는 것이다. 이 단계에서의 발달과제는 바로 자아정체성이다. 1단계부터 4단계까지는 대체로 무의식적인 과정으로 자아상이 형성되어왔다. 반면 5단계에 접어들면 자아정체성 정립의 문제가 의식적인 수준으로까지 올라올 만큼 심각해진다. 청소년기는 학령기까지 잘 유지해오던 자아상에 금이 가기 시작한다. 이전까지는 별다른 의심 없이 받아들였던 자기 존재에 대해 새로운 경험과 탐색이 시작된다. 특히 이 시기에 '덕질'에 빠지는 경우가 흔하다. TV 속 연예인에게 심취해 과도한 지출을 하거나 시간을 뺏기는 문제로 부모와 갈등이 첨예해지기도 한다. 확고한 자아 정체성을 찾기 어려워서 청소년들은 또래 집단, 위인이나 영웅 또는 연예인에게서 동일시의 대상을 찾으려 든다. 이 과정에서 사랑에 빠지기도 한다. 하지만 청소년기의 사랑은 성性적인 차원이라기보다는 대체로 자신의 혼란스러운 자아상을 누군가에게 투사하는 과정이다. 그리고 이는 자신의 자아를 분명하게 바라보고 규정하려는 노력이다.

안타깝게도 평생 자신의 본모습을 볼 수 없는 유일한 사람은 바로 우리 자신이다. 누구도 자신의 얼굴을 볼 수 없다. 다만 거울을 통해서 볼 뿐이다. 내가 누구인지를 알기 위해 거울에 비친 자신의 모습에 의지해야 하듯이, 다른 사람의 시선으로부터 자유로운 사람은 단 한 명도 없다. 특히 청소년들은 스스로 생각하는 자신의 모습과 다른 사람들의 눈에 비친 자신의 모습이 어떻게 다른지 신경을 쓰기 시작한다. 그들이 과도하게 외모에 집착하는 이유다.

자아정체성을 찾는 과정에서 청소년들은 매우 배타적으로 변한다. 자신이 누구인지를 구분하는 과정에서 나와 다른 누군가를 걸러내는 작업을 한다. 마치 화초 사이에서 잡초를 뽑아내듯이, 이들은 가정환경, 관심사 혹은 취미와 재능 등을 기준으로 외집단과 내집단의 구성원을 구별한다. 이 과정에서 자기들만의 고유한 부족이 형성된다. 이들은 옷이나 제스처 등을 통해 자기 부족임을 구분하고 자신들과 '다른' 이들을 배척하고 괴롭히기도 한다. 청소년들의 이런 편협함은 혼란스러운 정체성으로부터 자신을 지키기 위한 수단이므로, 어느 정도의 이해와 수용이 필요한 부분이다. 하지만 지나치면 폭력으로 이어질 수도 있다. 청소년 시기 관계 속에서 겪는 갈등이나 고통은 흉터가 되어 평생을 가기도 한다.

자아정체성이란 결국 자기 존재의 가치를 발견하는 과정이다. 나는 누구인가? 나는 다른 사람들과 무엇이 다른가? 나의 삶을 끌어가는 것은 무엇인가? 내 존재의 가치는 무엇인가? 정체성이란 자신의 위치, 능력 및 역할 등에 대한 분명한 인식을 말한다. 특히 이들은 자기 자신을 '이러이러한 일을 할 수 있는 사람'으로서 인식한다. 따라서 유아기의 초보적인 성취들로부터 학령기 때 학교에서의 성취들 그리고 청소년기에 새롭게 이루는 성취들 모두가 자아정체성 발달에 영향을 미친다. 이때 긍정적인 자아정체성을 확립하면 이후에 맞닥뜨리는 심리적 위기를 무난히 넘길 수 있다. 하지만 자칫 부정적인 자아정체성이 자리 잡거나 정체성 자체가 혼란스럽다면 다음 단계에서도 방황이 계속된다.

우리는 스스로 자신에게 가치를 부여할 수 없다. 거울에 비친 자신의 모습을 보며 한없이 만족스럽다면 그것은 개인의 감정에 지나지 않는다. 그 만족스러움이 나의 가치를 규정하지는 못한다. 내가 아무리 잘난 것처럼 느껴져도 주변에서 나의 '잘남'을 인정하고 확인해주지 않으면 소용이 없다. 자기 가치는 다른 사람들의 인정과 확인 등 관계 속에서 비로소 찾을 수 있다. 청소년기에 아이들은 자신의 가치는 자기 안에 존재하는 것이 아니라 서로 주고받는 것이라는 사실을 비로소 깨닫는다. 따라서 자기 안에서 가치를 찾기보다는 친구들과의 솔직하고 거짓 없는 성실성을 통해 개인의 가치를 찾는다.

자아정체성을 발견하면 우리는 공동체의 구성원으로서 사회적인 역할을 한다. 자신의 가치를 실현하며 독립적이고 자발적인 삶을 살아간다. 하지만 이 시기 자아정체성에 대해 충분한 고민을 하지 않는다면, 이후 어른이 되어도 '다른 사람의 삶'을 대신 살아가게 된다. 수년 전 정년퇴임을 앞둔 어느 노교수의 인터뷰를 본 적이 있다. 앞으로의 계획이 무엇이냐는 기자의 질문에 그는 이렇게 말했다. "지금까지는 어머니가 원하는 삶을 살아드렸으니, 이제부터는 제 삶을 살아볼까 합니다."

때로 자신의 정체성을 발견하지 못하고, 자신의 가치를 알지 못하는 청소년들은 도피처를 찾거나 심지어 공공연하게 반항적인 행동을 보이기도 한다. 사실 청소년기에 나타나는 어느 정도의 반항은 성장 중에 나타나는 자연스러운 현상이다. 다만 자아정체성을 위해 옳고 그름을 가리거나, 또는 내 것과 남의 것을 분별해내기 위한 반항과 단순한 '반항을 위한 반항'과는 차이가 있다.

충성과 교만

청소년은 지극히 자기중심적이다. 자아정체성을 찾는 과정에서 자기 자신에게 온전히 관심을 기울이고 집중하는 것은 당연하다. 적절한 정도의 자기중심성은 청소년에게 필요하다. 하지만 자기중심성이 과도한 양상으로 나타나면 교만이 생긴다. 교만한 사람은 스스로 자신에게 권위를 부여한다. 이들에게 다른 사람의 권위는 털끝만큼도 중요하지 않다. 이는 대체로 반항적인 태도로 나타난다. 그리고 교만으로 가득한 사람은 다른 사람들로부터 동떨어져 있으며 교류하지 않는다. 대신 사회로부터 자신을 소외시킨다. 이들은 인류 공동체의 의무를 무시하며, 아예 다른 사람들과 공동체를 이룰 필요성을 느끼지 못한다.

앞서 자기 가치는 관계 속에서 상호 성실성을 통해 나누는 것이라고 말했다. 에릭슨은 충성을 '정체성의 주춧돌'이라고 표현했다. 충성은 서로의 가치가 달라도 성실성을 유지할 수 있는 역량이다. 이 세상을 '나 혼자서 산다'는 것은 결과적으로 불가능한 일이다. 하지만 교만한 사람은 자신의 가치는 자신의 개인적 기량과 천부적인 재능에 있다고 믿는다. 그래서 다른 사람들과 공동체를 이뤄야 할 필요를 전혀 못 느낀다. 이들이 관계 자체를 거부하는 이유다.

앞서 예시로 들었던 정윤 씨는 스스로 드라마 같은 인생을 살았다고 생각한다. 그녀는 무남독녀였다. 어릴 때부터 기르던 강아지가 유일한 친구였다. 그녀의 부모는 그녀가 초등학교 4학년 때 이혼했다. 엄마는 경제적으로 무능력한 남편을 견디지 못해 어느 날 가출했고 이후 자연스럽게 이혼 절차를 밟게 되었다. 동네에는 엄마가 바람이 나서 집을 나간 것이라는 소문이 돌았다. 하루아침에 엄마 없는 아이가 된 정윤 씨는 외톨이가 되었다. 집을 나서면 모두의 시선이 자신을 향하는 것 같았다. 수군대는 소리와 손가락질이 따갑게 느껴졌다.

정윤 씨가 중학교에 올라가는 해에 아빠가 재혼했고, 재혼과 동시에 느닷없는 형제가 생겼다. 위로 두 살 많은 오빠와 아래로는 한 살 적은 여동생이었다. 그녀의 세상이 뒤집혔다. 차라리 혼자라서 외로웠던 그때가 더 좋았다. 그녀의 삶은 온통 낯설고 불편한 감각으로 가득했다. 엄마의 빈자리에 들어선 새엄마는 그녀에게 아줌마 그 이상도 이하도 아니었다. 아빠는 새롭게 꾸려진 가족들 사이에서 자연스럽고 편안해 보였다. 하지만 정윤 씨만은 혼자서 겉도는 신세가 되었다. 집 안 어디에 있어도 불편하고 외로웠다. 새로운 가족이 생기고 6개월 뒤 그녀의 유일한 친구였던 강아지마저 세상을 떠났다. 그녀의 세상이 온통 캄캄해지고 침울해진 것은 아마 그때부터였던 것 같다.

세상에 내 편이 한 명도 없다고 믿는 엄마_
정서적 박탈의 덫

고등학교 2학년 아들과 관계가 틀어질 대로 틀어진 미란 씨는 무엇이 잘못되었는지 알 수 없어 답답하다. 그녀의 표현을 빌리자면 아이의 욕구나 요구가 지나친 압박처럼 여겨져 '기가 빨리는' 때가 한두 번이 아니다. 특히 "엄마가 나에 대해서 뭘 알아!"라는 아들의 말에 숨이 턱 막힌다. 그녀의 정곡이 찔렸기 때문이다. 정말이지 내가 낳은 내 아들이지만 하나도 모르겠는 게 문제다.

미란 씨의 기억 속에는 부모님이 죽기 살기로 싸우는 장면으로 가득하다. 불화를 견디지 못한 엄마가 집을 나가고 그녀는 할머니 손에서 자랐다. 할머니는 마음에 안 드는 일이 있을 때마다 어린 미란을 보며 "에휴, 지 애미를 닮아서……"라는 말을 달고 살았다.

영은 정서적 박탈의 덫에 갇힌 사람들을 '방치된 아이'라고 불렀다. 이들에게는 분명히 엄마 같은 존재가 있다. 하지만 동시에 없기도 하다. 미란 씨처럼 실제 유기되거나 방임된 아이들도 있지만, 정윤 씨처럼 정서적으로 버려진 아이들이 많다. 이들은 부모로부터 버려지고 방치된 아이들이 느끼는 감정을 평생 안고 살아간다. 애착을 설명하면서도 말했지만, 아이는 엄마가 그저 곁에 있어 주는 것으로는 부족하다. 엄마에게 자신이 인식되고 있으며, 엄마의 생각과 마음속에 자신이 존재한다는 느낌이 절대적으로 필요하다. 이 세상에 자신을 이해해주는 사람이 아무도 없다는 공허함, 혼자서 세상을 헤쳐 가야 한다는 외로움이 이들의 핵심 감정이다.

우리는 누구나 어린 시절 욕구를 적절히 충족하면서 자신에게 적응하게 된다. 자신의 정서와 욕구를 자연스럽게 받아들이고 스스로 충족하는 법을 배워간다. 하지만 어린 시절 평균 이하의 양육을 받으면 정서적 박탈의 덫에 갇히기 쉽다. 이들의 엄마는 따뜻한 접촉에 인색했거나 편안하게 안심시켜주지 못했다. 그런가 하면 아이의 세계를 전혀 이해하지 못하고 아이의 감정을 적절하게 달래주지 않은 엄마도 있다. 또는 아이가 어떻게 해야 하는지 적절한 안내를 제공하지 못한 엄마도 정서적 박탈을 일으키는 주요인이다. 아이의 욕구보다 엄마 자신의 욕구가 우선인 자기애적인 엄마나, 아이보다 일이 먼저인 일중독인 엄마에게서 자란 경우 정서적 박탈을 느끼기 쉽다. 이 덫에 갇히면 무언가 중요한 것을 상실한 듯한 느낌을 지울 수가 없다.

이들은 살아가면서 함께 마음을 나누거나 자신에 대해 진심으로 염려해준 사람이 없다. 이 세상에 자기편이 단 한 명도 없다고 느낀다. 그래서 자신의 느낌이나 욕구를 이야기하지 않는다. 말해봐야 소용없다는 걸 너무 일찍 알아버린 탓이다. 제대로 이해받지 못한다고 느끼는 순간 내면에서는 차곡차곡 분노가 쌓인다. 이 분노 더미는 감정의 통로를 막아버린다. 궁극에는 자신의 감정뿐 아니라 다른 사람의 감정에 닿는 것을 방해한다. 감정의 통로가 막힌 사람은 다른 사람과 정서적으로 연결되기가 힘들다. 미란 씨는 자신의 감정에 닿아본 적이 없다. 그런 그녀에게 아들의 마음에 닿는 일이란 달에 착륙하는 것만큼이나 힘든 일이다.

차라리 혼자인 게 편하다고 느끼는 엄마_
사회적 소외의 덫

다윤 씨는 어린 시절 심한 안짱다리였다. 지금은 어느 정도 교정이 되어 심하지는 않지만, 어린 시절 그녀는 걷는 모양 때문에 많은 놀림을 받았다. 친구들이야 그렇다 치더라도 날마다 이어지는 엄마의 잔소리가 그녀에게는 죽기보다 싫었다. 엄마는 직접 걷는 모습을 시연하면서 어린 다윤을 다그치고 윽박질렀다. "다윤아, 엄마 봐봐. 이렇게 걷는 거야. 이렇게 걷는 게 안 되니?"

대부분 부모는 자녀가 자신의 독특한 정체성이나 흥미를 발달시키도록 격려한다. 하지만 기질적으로 수줍음이 많고 선천적으로 수동적이거나 혹은 부모로부터 이러한 독특성이 수용되지 못할 때 이 덫에 빠진다. 특히 다윤 씨처럼 자신의 외모나 키, 말더듬이 등

외부적인 특성 때문에 다른 사람들보다 열등하다고 느끼면 이 덫에 걸리기 쉽다. 이들은 어린 시절 부모로부터 배척당하거나 거부당한 아픈 경험이 있다. 무엇보다 청소년 시기에 또래들에게 섞여 들지 못하고 소외된 상처가 많다.

사회적 관계 속으로 자연스레 섞이려면 활동적이고 자율적으로 행동할 수 있어야 한다. 하지만 이들은 어디에도 소속감을 느끼지 못하고 항상 자신을 남들과 다르다고 여긴다. 이들에게는 다른 사람들 눈에 자신이 어떻게 비치는지가 중요하다. 누군가 자신을 평가하고 판단하는 것을 몹시 두려워한다. 그들이 자신의 실체를 금방이라도 알아차릴까 봐 두렵다. 그래서 되도록 많은 사람이 있는 자리는 회피한다. 일대일의 관계는 그럭저럭 잘 유지하지만 수업 시간, 회의 혹은 단체 활동이 너무 힘들다. 여럿 모인 자리에서는 혼자만 동떨어진 느낌을 지울 수가 없고 친밀감을 형성하기가 어렵다. 이들이 주로 느끼는 감정은 외로움이다. 자신이 바람직하지 못하거나 다른 사람들과 달라서 소외되었다고 느낀다. 늘 자신의 못난 부분이 드러나는 것이 두렵다. 이처럼 사회적 소외의 덫에는 수치심이 내포되어 있다. 이들은 자신의 창피스러운 부분을 들키는 순간 다른 사람들이 떠나간다고 여긴다. 때로는 자신의 수치심을 감추기 위해 미친 듯이 일에 매달리거나 학업에 매진한다. 그래서 사회적 영역에서 성공하거나 두각을 나타내기도 한다.

엄마의
내면아이
연습장

엄마의 기억 노트

5단계 청소년기의 기억을 모두 기록해보세요. 사소한 것이라도 기억에
남는 것이 있다면, 구체적으로 적어보세요.

구체적인 상황	생각이나 감정

내면아이마다
다른 대처 전략

　자신의 어린 시절 양육 환경으로부터 온전히 자유로운 엄마는 단 한 명도 없다. 우리는 모두 취약한 어린아이로부터 시작했기에 자기 나름대로 부모에게 자신을 맞춰가면서 서서히 존재의 타고난 본질을 잃어버렸다. 가끔 같은 부모에게서 자랐는데 형제자매가 왜 이렇게 다르냐고 물어오는 엄마들이 있다. 가령 언니도 동생도 똑같이 학대를 받았지만, 언니는 보란 듯이 잘사는 반면, 동생은 우울증의 늪에서 빠져나오지 못한다. 우리는 기질 또는 환경적인 영향에 따라 저마다 나름의 전략을 구축한다. 이 전략은 취약한 아이가 생존하고 적응하는 데 없어서는 안 될 구명조끼와 같다. 적어도 자신이 입고 있는 구명조끼가 어떤 것인지 알아야 벗을 수 있는 법도 찾을 수 있다.

영에 따르면 사람마다 다음 세 가지의 대처 방법 중에서 하나 혹은 두 가지를 대처 전략으로 사용한다. 자신의 문제뿐 아니라 대처 전략을 알면 행동 변화도 쉬워진다.

대처 전략 ① 내가 그렇지 뭐_ 굴복

우리는 자라면서 겪은 특별한 상황과 환경 혹은 대우에 익숙해진다. 나아가 자신의 환경과 가장 유사한 환경을 추구하고 조성한다. 익숙하고 자연스러운 것은 버리기가 어렵다. 비록 그것이 문제가 된다고 할지라도 말이다. 누가 떠밀지 않아도 이들은 스스로 문제 상황으로 걸어 들어간다. 이렇게 함으로써 자신의 덫을 더욱 강화한다. 마치 가랑비에 옷 젖듯이 자연스럽게 환경과 상황에 적응한다. 예를 들어, 어린 시절 부모로부터 과잉보호를 받은 사람이라면 자라서도 누군가에게 의존하려고 한다. 부모를 대신해서 자신을 보호해줄 대상을 물색하고 자신은 여전히 어린아이로 남고자 한다. 결함의 덫에 걸린 사람이라면 무의식적으로 자신의 결함을 확인하려 든다. 즉, 자신도 모르게 자신의 결함을 확인시켜줄 정보나 자극에 이끌린다. 때로는 자신의 덫을 확인시킬 비슷한 상황을 스스로 재연하면서 덫에 굴복하기도 한다.

앞서 이야기했던 어릴 때 신체적, 정서적 학대를 받은 희숙 씨의 사연을 기억하는가? 지속적인 학대에 시달린 그녀는 스무 살이 넘자마자 가족으로부터 도망쳤다. 절대로 아버지 같은 폭군은 만나지 않을 것이라 다짐했지만 그녀는 결국 폭력적인 남편을 만났다. 자신도 모르게 자연스레 폭력에 익숙해졌고, 많고 많은 사람 중에 아버지를 닮은 배우자를 선택했다. 그리고 자신의 어린 시절을 무한 반복하고 있다. 신혼 초부터 폭력이 만연했고 아이들조차 학대의 위험 속에 있다. 하지만 희숙 씨가 당면한 가장 큰 문제는 상황을 바로 보지 못한다는 점이다. "그래도 술을 안 마실 때는 얼마나 자상하고 따뜻한지 몰라요." 그녀가 늘 입에 달고 살던 말이다. 이처럼 이들은 끊임없이 상황을 왜곡해서 판단한다.

'삶은 개구리 증후군boiled frog syndrome'이라는 말이 있다. 개구리를 펄펄 끓는 물에 넣으면 바로 뛰쳐나온다. 하지만 개구리를 미지근한 물에 넣고 아주 서서히 온도를 올리면 개구리는 변화 자체를 감지하지 못한다. 그냥 그 상황에 적응한다. 결국에는 점차 고조되는 위험을 감지하지 못하고 안타까운 결과를 피하지 못한다. 굴복의 대처 전략을 가진 사람도 이와 유사하다. 이들은 취약한 어린 시절부터 위험하고 안전하지 않은 상황에 노출되었기 때문에 별다른 저항 없이 서서히 환경에 적응해간다. 그리고 어느 순간 체념한다. '사는 게 다 그런 거지' 하며 말이다.

대처 전략 ② 보란 듯이 다르게 살 거야!_ 반격

이들은 어린 시절 자신의 부모가 심어준 '너는 쓸모없는 아이야'라는 생각에 저항하며 그것이 사실이 아니라는 것을 증명하기 위해 전력투구한다. 문제는 한계를 모르고 자신을 몰아붙인다는 점이다. 어린 시절 과잉보호 환경에서 자란 사람을 보자. 앞서 굴복의 대처 전략을 쓰는 사람은 누군가에게 의존하려는 반면, 반격의 대처 전략은 오히려 항의존의 상태로 치닫는다. 누구에게도 의지하지 않고 혼자서 모든 것을 헤쳐 나가려 든다. 누군가 도와준다고 해도 단칼에 거절한다. '난 절대 약한 사람이 아니야. 다른 사람의 도움 따위 필요 없어!'

그것으로도 모자라 자신이 얼마나 독립적이고 진취적인지를 증명하기 위해 위험한 일에 도전하기도 한다. 어릴 때는 부모의 제지 때문에 아무것도 해볼 수 없었지만, 어른이 된 지금은 이것저것 닥치는 대로 달려든다. 만약 어릴 때 심한 열등감에 빠져 살았다면 열등감에 반격하기 위해 우월감으로 중무장한다. 매사 지나치리만큼 자신을 부풀리고 과장한다. 또는 무슨 일이든 뛰어들어 성과를 보려고 한다. 보란 듯이 번듯하게 성공한 자신의 모습으로 어린 시절의 열등감을 상쇄하고자 한다. 하지만 성공한 듯 보이는 겉모습과는 달리 내면은 결코 평화롭지 못하며 스스로 문제투성이라는 생각에 시달린다.

오래전 부모교육에서 만난 진서 씨가 그렇다. 열등감에 빠진 그녀는 지독한 일중독에 시달린다. 잠시라도 아무 일도 하지 않고 있으면 불안감이 몰려온다. 그럴 때는 고인 물처럼 썩는 느낌이라고 표현할 정도다. 휴가를 갈 때도 노트북과 일감을 챙겨서 가야 마음이 편안하다. 그녀는 자신이 감당하기 버거울 정도로 일에 파묻혀 산다. 하지만 성취감보다는 두려움이 늘 앞선다. 일하지 않을 때는 열등감이 삐죽삐죽 고개를 들기 때문이다. 특히 이들은 일이 생각대로 풀리지 않을 때는 남 탓을 하는 경향이 강하다.

사랑을 받지 못한 엄마라면 자신의 아이에게만큼은 한없는 사랑을 퍼붓는다. 문제는 적절하고 건강한 수준의 사랑이 아니라 엄마만의 과도한 방식이라는 데 있다. 이들은 자신도 모르게 아이에게 지나치게 집착한다. 사랑에 한계가 없기에 과잉보호하기 쉽다.

대처 전략 ③ 아무 일도 없었던 거야_ 회피

퍼붓는 소낙비를 피하려고 처마 밑으로 숨어드는 것처럼, 취약하거나 민감한 영역은 어떻게든 피해가려는 사람들이 있다. 상처가 건드려지면 내면에서 슬픔, 수치심, 불안과 같은 부정적인 감정이 야기되므로 고통으로부터 도망치기 위해 필사적으로 노력한다. 이들은 부정적 감정들을 스스로 처리할 수 없다고 여긴다. 그래서 고통스럽고 불편한 모든 상황으로부터 도망가고자 한다. 예를 들어, 자기 존재가 수치스럽다고 여기면 친밀한 관계 자체를 피한다. 그 누구도 가까이 다가오는 것을 허락하지 않는다. 관계 속에서 올라오는 수치심을 직면하기가 어렵기 때문이다.

윤주 씨는 늘 자신이 못났다는 생각에 빠져 산다. 어릴 때부터 엄마는 그녀가 실수하고 성적이 떨어지기라도 하면 '덜 떨어진 년'이라고 어린 윤주에게 악담을 퍼부었다. 칭찬에는 한없이 인색한 엄마는 그녀의 잘못에는 지나치리만큼 엄격하고 냉정했다. 윤주 씨는 엄마의 이 말이 끔찍하게 싫었지만, 어느새 그녀에게 피부처럼 자연스러워졌다. 그녀는 유치원에 다니는 아들이 있다. 아침마다 아이를 유치원에 들여보내고 돌아서는 순간부터 윤주 씨는 마음이 불편해진다. 유치원 앞에서는 엄마들이 삼삼오오 모여서 이런저런 잡담을 나눈다. "진우 엄마, 우리 집 가서 커피 한잔할

래요?"라는 말이 부담스럽고 싫다. 매번 이 핑계 저 핑계 대는 것도 지친다. 엄마들과의 만남을 피하고 싶어 어느 순간 유치원 버스를 태워서 보낼까 하는 생각에 집에서 좀 더 먼 유치원을 물색하는 자신을 발견한다. 윤주 씨와 마찬가지로 실패의 덫에 갇힌 엄마라면 실패를 할 만한 상황 자체를 아예 피해버린다. 즉, 경쟁이나 도전을 하지 않는다. 아무것도 안 하면 아무 일도 일어나지 않는다는 신념 아래 그저 모든 것들로부터 거리 두기를 선택한다. TV 광고처럼 아무것도 안 하고 있지만, 더 격렬하게 아무것도 안 하고 싶어 한다. 이들은 간혹 중요한 알맹이가 빠진 것처럼 삶이 단조롭고 공허하다는 생각에 사로잡힌다.

지금까지 에릭 에릭슨의 심리 사회적 발달단계와 제프리 영의 인생의 덫을 자세히 살펴보았다. 마치 인생의 자서전을 쓰듯이 각 발달단계를 살펴보면서 어린 시절 기억을 최대한 떠올려보자. 사실 기억 작업은 단시간에 끝나지 않는다. 수십 년이 넘도록 잠들어 있던 기억들을 깨운다는 것은 쉽지 않다. 너무 오래전 기억이라 쉽사리 생각나지 않을 수도 있다. 어쩌면 어린아이가 감당하기에는 너무 버거웠던 일이라 기억에서 삭제 버튼을 눌러버렸을 수도 있다. 문제는, 당시의 경험들이 기억의 표면에서는 사라졌지만, 여전히 우리 안에 남아서 수시로 우리의 행동과 태도에 영향을 미친다는 점이다.

기억 작업이 잘 이뤄지지 않는다고 처음부터 낙담하지는 말자. 시작이 중요하다. 시작이 반이라는 말도 있다. 한 번 건드려진 기억들은 서로 연결되고 묶여서 덩어리째 손잡고 끌려올 수도 있다. 컴퓨터 바탕화면에 휴지통이 있는 것처럼 우리 뇌 속에도 휴지통은 존재한다. 이어지는 내용에서는 휴지통을 여는 방법, 즉 당신의 기억 작업을 좀 더 돕기 위해서 몇 가지 실천해볼 만한 방법들을 제시했다. 순서가 정해진 것은 아니므로 그때그때 편안한 방법을 선택해서 활용해보길 권한다. 이 중 여러분에게 가장 잘 맞는 것이 있다면 그것만 사용해도 상관없다. 만약 기억 작업이 너무 힘들거나 떠오르는 기억 때문에 감당하기 힘들 정도로 고통스럽다면 그때는 전문가와 상의하기를 바란다.

기억 정리

영화관 나들이

하루 중 자유로운 시간을 정해서 가장 편안한 장소에 앉아보세요. 공책과 연필을 준비하시고, 지금부터 당신 안에 떠오르는 모든 장면을 기록할 겁니다. 지금 당신이 앉아 있는 그곳은 영화관입니다. 영화관 안에는 오직 당신 혼자만 앉아 있습니다. 이제 곧 영화가 시작될 거예요. 영화는 당신의 어린 시절과 관련된 내용입니다. 태어나서 자라는 모든 과정이 스크린에 떠오를 거예요.

영화의 순서는 정해져 있지 않아요. 다만 떠오르는 대로 그 장면 속으로 걸어 들어가면 됩니다. 영화가 상영되기 시작하면, 자리에서 일어나 스크린 속으로 들어가세요. 영화 속 장면으로 걸어 들어가서 직접 주인공이 되는 겁니다.

아래의 질문에 최대한 상세하고 구체적으로 답을 해보세요.

· 지금 당신은 몇 살인가요?

· 지금 당신이 있는 곳은 어디인가요?

· 주변 분위기는 어떤가요?

208

· 누구와 함께 있나요?

· 무엇을 하고 있나요?

· 지금 당신의 기분은 어떤가요? 느껴지는 대로 적어보세요.

· 당신은 지금 무슨 생각을 하고 있나요?

영화가 끝났습니다. 자, 이제 눈을 뜨고 현실로 돌아옵니다. 주변을 천천히 둘러보세요. 무엇이 보이나요? 당신의 얼굴에 손을 가져다 대고 살짝 쓰다듬어보세요. 지금 당신의 기분은 어떤가요?

사진관 나들이

당신의 어린 시절의 사진들을 꺼내봅니다. 그 사진들을 연령대별로 정리해두세요. 하루 중 편안한 시간을 정해 그중 한 장을 골라보세요. 꼭 연령별로 하실 필요는 없어요. 손에 잡히는 대로 해도 괜찮습니다. 혹시 너무 어릴 때라 기억이 나지 않는다면, 가족이나 지인들에게 사진 속 당신에 대해서 자세히 물어보세요. 질문은 '영화관 나들이'에서 제시한 것과 같습니다. 자유롭게 기록하세요.

사물 마인드맵

주변을 둘러보세요. 지금 당신이 있는 곳이 어디든 당신 주변에는 참으로 많은 것들이 있습니다. 지금 당신이 있는 곳이 거실이라면 TV, 전화기 혹은 피아노 등이 있겠지요. 밖이라면 자동차, 마트, 나무, 벤치 등이 있을 테지요. 무엇이든 눈길을 끄는 것이 있다면 거기에 머물러보세요. 잠시 눈을 감고 지금 당신의 눈길을 끈 '그것'에 대해서 생각해보세요. 휴대폰이든 공책이든 기록이 가능한 도구를 가지고 있다면 뭐든 적어보세요. 마인드맵을 그리듯이 의식에 떠오르는 것들을 기록하면 됩니다. 정해진 구조는 없습니다. 그저 생각나는 대로, 느껴지는 대로 의식의 흐름을 따라가면 됩니다.

예시) **피아노** → 고등학교 → 피아노를 잘 치는 친구 → 조회 시간 → 애국가 연주 → 화려함 → 가난 → 부러움 → 시기 → 초라함 → 열등감 → 음악 학원

어떤 방법으로든 기억을 떠올렸다면 엄마의 기억 노트에 기록해두세요. 각 발달단계에 해당하는 페이지를 찾아서 떠오르는 대로 편안하게 작성하면 됩니다. 혹시 연결이 안 되는 기억들이 있으면 가족이나 지인에게 도움을 구해보세요. 어쩌면 그 사람들이 당신의 기억 중 빠진 조각들을 맞춰줄 수도 있습니다.

이 작업을 꾸준히 하다 보면 당신도 모르는 사이에 어린 시절 미처 해결하지 못한 감정적 상처를 만나게 됩니다. 우선은 거기까지입니다. 당신이 현재 직면한 문제, 특히 양육 과정에서의 문제를 해결하고자 한다면 내 안에서 자라지 못한 내면아이를 만나는 작업이 가장 먼저 이뤄져야 합니다. 당신은 이제 그 첫발을 내딛었습니다.

4장

엄마의
내면아이
돌보기

내면아이와 대화하기

익숙한 게 좋아, 그게 비록 고통스러울지라도!

아이가 어느 정도 자라면, 부모는 아이더러 "이제 다 컸으니 네 뜻대로 자유롭게 살아라"라고 말한다. 하지만 이렇게 말한다고 해서 어느 날 갑자기 전혀 새로운 방식으로 삶을 시작하기는 어렵다. 이유는 뇌에 있다. 인간의 뇌는 효율성을 추구한다. 뇌 과학 연구 결과에 의하면 우리의 잠재의식은 변화에 위협을 느낀다. 우리 뇌는 익숙한 것에 끌리는 만큼 변화에 저항한다. 이미 경험한 바가 있어서 잘 알고 있는 소위 '안전지대'에 머물기를 선호한다. 우리

뇌가 이미 몸에 밴 습관과 일상적인 루틴을 편안하게 여기는 이유는 앞일을 예측할 수 있기 때문이다. 가장 안전한 장소는 바로 예전에 있었던 곳이다. 어린 시절 고통스러운 기억이라 할지라도 그 고통 속에서 오랫동안 적응하며 견뎌온 사람이라면 고통에 익숙해지기 마련이다. '고통이 주는 즐거움'이라는 말이 있다. 비록 견디기 힘들 정도로 고통스럽지만, 그 상황이 나에게는 가장 익숙하고 편안하다.

한부모가족 부모교육에서 만난 민영 씨는 폭력적인 성향의 남편 때문에 결혼 생활이 불행했다. 그녀는 어린 시절 폭력적이고 무자비한 아버지와 순종적이고 유약한 엄마를 보며 자랐다. 그녀의 집에서는 하루도 바람 잘 날 없이 폭력이 일상이었다. 어떤 때는 아빠가 집 밖으로 엄마를 끌고 나와서 때리는 일도 허다했다. 이른 나이에 결혼을 한 민영 씨는 결혼 직후 남편의 모습에서 아버지의 폭력성을 보았다. 그녀 또한 어린 시절 부모의 불행을 반복하고 있었다. 다만 그때와 다른 점이 있다면 유약했던 엄마와 달리 민영 씨 역시 폭력을 휘두른다는 사실이었다. 그녀는 어린 시절 가해자인 아버지와 자신을 동일시했다. 힘 있고 강해지는 것밖에는 자신이 살아남을 수 있는 길이 없다고 믿었다. 아버지의 폭력에 힘없이 무너지는 엄마를 보면서 어린 민영은 무섭고 두려웠다. 그와 동시에 대항 한 번 제대로 못하는 엄마에 대해 화가 치밀었다. 어린 민영은 엄마가 끔찍이도 싫었다. 엄마의 무력한 모습을 보면서 어린 민영은 생각했다. '엄마는 우리를 지켜줄 수 없어. 엄마를 믿을 수는 없어.' 거칠고 위협적인 세상에서 살아남으려면 힘이 필요했다. 그렇게 민영 씨는 서서히 폭력에 익숙해졌다. 결국에는 폭력이 난무하는 다툼을 반복하다가 결혼한 지 2년 만에 이혼했다. 이혼하고 얼마 지나지 않아 새로운 남자 친구를 만났다. 그 사람은 아버지나 전남편과는 판이했다. 한없이 순하고 친절한 남자였다. 늘 그녀에게 양보했고, 큰소리 한 번 내지 않았다. 자기 고집을 내세우기보다는 그녀의 의견에 주로 따르는 편이었다. 그는 거칠고 억센 그녀의 울퉁불퉁한 마음을 다듬어주는 사람이었다. 주변에서는 모두 재혼을 재촉했다. 하지만 민영 씨는 망설여졌다. 이유는 잘 모르겠지만, 마음이 끌리지가 않았다. 무엇보다 그와 함께 있으면 지루하고 따분한 느낌을 지울 수 없었다. 그래서 결국 이별을 선언했다. 시간이 지나 생각해보니 그동안 그녀가 만난 거의 모든 남자는 어딘지 모르게 아버지와 묘하게 닮아 있었다.

《상처받은 내면아이 치유》의 저자 존 브래드 쇼John Bradshaw는 "누구든지 자신의 진정한 변화를 원한다면 반드시 자신의 어린 시절로 돌아가 거기서부터 다시 시작하지 않으면 안 된다"라고 힘주어 말했다. 내면아이의 미숙한 전략은 세월이 지났음에도 그대로 우리 안에 남아서 우리 삶에 영향을 미치기 때문이다.

엄마가 되지 않았더라면 '고통이 주는 즐거움'을 혼자서 감내하면 될 일이다. 나만 아프고 힘들면 그뿐이다. 하지만 엄마가 되기를 선택한 이상, 이 고통은 나에게서 끝나지 않는다. 엄마의 눈빛이나 숨소리조차 아이에게 그대로 영향을 미치기 때문이다. 그렇다면 우리는 변화를 선택해야 한다. 익숙한 패턴에서 벗어나야 한다. 적극적인 행위 없이는 뇌의 농간에 속절없이 휘둘릴 수밖에 없다.

어린 시절 상처받은 내면아이는 우리의 가치 체계를 만들고 삶의 구석구석에 크고 작은 영향을 미친다. 따라서 내면아이의 반응은 엄마마다 다를 수밖에 없다. 민영 씨가 가해자인 아버지와 자신을 동일시했다면, 피해자인 엄마와 자신을 동일시하는 사람도 있다. 다혜 씨가 그랬다. 그녀는 폭력적인 상황에서 자기 존재를 숨겨서 드러나지 않도록 하는 편이 가장 안전하다고 여겼다. 그래서 폭력이 난무하는 상황에서는 자신을 아주 멀리 철회시켜버렸다. 그렇게 숨죽이며 상황이 끝나기를 기다렸다. 문제 속으로 뛰어들기보다는 문제와 자신을 차단해버렸다. 세월이 지나 엄마가 되었지만, 그녀는 여전히 문제에 직면하기보다는 도망가기를 선택한다. 아이가 칭얼대거나 짜증을 내면 조용히 방을 나가는 식이다. 남편이 아이에게 큰소리라도 내면 못 들은 척 일부러 마트를 가기도 한다.

내면아이와의 대화가 필요해

우리는 있는 그대로 상처받은 내면아이를 직면해야 한다. 자신의 내면아이를 비난하거나 외면해서는 안 된다. 그들의 상처를 고스란히 껴안아야 한다. 어린 시절 취약했던 어린아이가 해볼 수 있는 전략은 별로 없었다. 민영 씨도 다혜 씨도 그때는 그게 최선이었다. 내면아이의 선택은 생존과 적응을 위한 어쩔 수 없는 전략이었다.

하지만 이제 우리는 내면아이가 아니다. 내면아이는 상처받은 나의 일부에 지나지 않을 뿐 결코 나의 전부일 수는 없다. 내 몸에 흉터가 있다고 해서 나를 '흉터'라고 부르지 않는 것처럼 내면아이는 그저 내 안에 새겨진 상처에 불과하다. 오늘의 나는 어른이고, 지금 여기에 존재한다. 지금을 살아야 하는 것은 미성숙하고 상처투성이인 내면아이가 아니라 어른인 나다. 성숙한 사고를 바탕으로 상황을 되도록 객관적으로 분석하고 판단할 수 있어야 한다.

이제는 상처받은 내면아이와 나를 분리해야 할 때다. 그래야만 엄마의 역할을 할 수 있다. 내면아이를 알아차렸다면 이름을 붙여주자. 이름을 붙이는 순간, 내면아이와 나는 분리된다. 예를 들어 민영 씨의 내면아이는 '작은 깡패', 다혜 씨의 내면아이는 '겁쟁이'라고 부를 수 있다. 어느 날 문득 내면아이의 패턴을 깨닫는다면 가볍게 '겁쟁이가 또 겁을 잔뜩 먹었네'라고 하면 된다.

내 인생의 버스를 운전하는 사람은 다름 아닌 바로 나다. '작은 깡패'와 '겁쟁이'는 내가 운전하는 버스에 탑승한 손님 중 한 명이다. 가는 길 내내 이래라저래라 소리 지르고 떼를 쓰겠지만, 핸들을 잡은 이는 바로 나다. 내면아이는 나와 함께 목적지까지 갈 아주 특별한 손님이다. 우리는 목적지까지 안전하게 가기 위해 손님을 진정시켜야 한다. 때에 따라서는 손님의 불편을 들어주고 위로해줘야 한다. 행여 손님과 언성을 높이거나 몸싸움을 한다면 사고가 날 수밖에 없다. 어떤 순간에라도 핸들에서 손을 놓아서는 안된다. 목적지까지 가기 위해 나의 소중한 손님인 내면아이의 특성을 알아두어야 한다. 백화점에서 VIP 고객을 관리하듯이 내면아이의 요모조모를 구체적으로 파악해두자.

누군가를 깊이 이해하기 위해서는 무엇보다 대화가 필요하다. 대화를 통해 우리는 서로 연결된다. 우리 안에는 심각하게 삐쳐서 토라진 아이, 울다가 지친 아이, 소리 지르며 악을 쓰는 아이 등 미처 자라지 못한 아이가 존재한다. 그렇다면 이제는 상처 입은 내면아이를 다독여야 한다. 내면아이의 말에 귀 기울여주고, 마음을 토닥여줘야 한다. 아이 안의 순수한 경외감을 발견하고, 창의성과 자발성을 되찾을 수 있도록 도와야 한다. 이렇게 우리는 우리 앞의 아이뿐 아니라 엄마 안의 내면아이도 돌보아야 한다.

내면아이의 행동 특성, 생각 그리고 감정

비단 민영 씨와 다혜 씨만의 문제가 아니다. 전혀 어른답지 않은 엄마의 행동은 대부분 내면아이의 반응이다. 버럭 화를 내는 것뿐 아니라 '내가 대체 왜 이러는 거야?'라는 생각에 혼란스럽다면 대체로 내면아이의 소행일 수 있다. 따라서 상처받은 내면아이를 달래고 성장하도록 돕기 위해서는 내면아이의 행동 특성, 생각 그리고 감정을 알아차리고 변화시키는 것이 중요하다. 고객의 불만 사항을 구체적으로 파악해야만 문제를 개선할 수 있는 것과 같다.

민영 씨의 내면아이
- 행동 특성: 소리 지르고 싸우고 폭력적이다.
- 생각: 세상은 약육강식이다. 강한 사람만이 살아남는다.
- 감정: 화, 분노

다혜 씨의 내면아이
- 행동 특성: 문제 상황으로부터 도망간다. 아무 일도 없다는 듯 군다. 위축되고 주눅이 든다.
- 생각: 눈에 띄지 않는 게 가장 안전하다. 내 존재를 숨겨야 한다. 시간이 지나면 해결된다.
- 감정: 불안, 공포, 무력감

우리가 느끼는 불안과 두려움은 대부분 상상력의 산물이다. 뭐가 뭔지 모를 때 우리는 길을 잃고 방황한다. 하지만 문제가 무엇인지를 알면 모든 것이 선명해진다. 문제를 해결하고 안 하고는 그다음이다. 일단 문제의 정체를 알아야 무언가를 해볼 수 있다. 따라서 엄마가 성장하기 위해서는 내면아이의 패턴을 알아차려야 한다.

사실 우리의 생각과 감정을 알아차린다고 해서 감정이나 그에 따른 감각을 없애지는 못한다. 왜 그런 느낌이 드는지 이해한다고 해서 감정이 달라지지는 않는다. 다만 생각과 감정의 이유를 알면 적어도 감정에 속절없이 끌려가는 일은 막을 수 있다. 하지만 문제의 원인이 되는 감정이나 생각을 알아차리는 것은 저절로 되지 않는다. 지속적이고 반복적인 훈련이 요구된다. 어쩌면 지금쯤 당신은 이미 엄마의 기억 노트를 꾸준히 작성하면서 자신의 내면아이의 생각과 감정에 어느 정도 친숙해졌을 뿐 아니라 일정 패턴을 발견했을 수도 있다.

내면아이의 소산인 행동 특성, 생각과 감정을 알아차리는 것보다 더 중요한 것이 있다. 바로 그것들이 나의 일부라는 사실을 인정하는 일이다. 그래야 우리는 내면아이의 목소리를 줄이고 엄마로서 나 자신의 진짜 목소리를 낼 수 있다. 우리는 이제 내면아이의 목소리와 스스로의 진짜 목소리를 구분할 수 있어야 한다. 내면아이가 아닌 '어른 엄마'가 양육의 최전방에 나서야 할 때다.

감정과
친밀해지기

네 탓이오

"네가 그렇게 부주의하게 행동하니까 엄마가 답답한 거잖아."

"네가 숙제를 안 하고 놀기만 하니까 엄마가 화가 나는 거지."

"네가 여러 번 같은 말을 반복하게 하니까 엄마가 소리를 지르게 되잖아!"

부정적인 감정에 휘둘릴 때 우리는 마치 범인을 색출하듯이 그 감정의 출처를 아이에게서 찾으려 애쓴다. 이때 '네 탓이오'가 등장한다. 엄마가 답답하고 화가 나고 속이 터지는 건 온전히 아이의 행동 때문이라고 믿는다. 앞서도 이미 말한 바 있지만, 감정은 우리 안에서 저절로 올라오는 자연적인 현상이다. 내가 배고픔을 느낀다면 그것은 그저 배가 고픈 것뿐이다. "너 때문에 배가 고프잖아"라는 말은 틀렸다. 감정도 마찬가지다. 내 감정에 대한 책임은 나에게 있다. 내 안에서 화가 치솟는다면 그것은 그 누구의 탓도 아닌, 그저 내가 화가 나는 것뿐이다. 엄마 감정에 대한 탓을 아이에게서 찾는 건 잘못되었다. 언제든 내 감정의 출처는 나다. 사실 '네 탓이오'는 엄마가 자신의 감정으로부터 도망치는 가장 쉬운 방법이자 치사한 전략이다.

1장에서 다루었지만, 남 탓은 수치심이 내재된 부모가 아이에게 자신의 수치심을 전가하는 수법이다. 아직 인지적 발달이 어른의 수준에 이르지 못한 아이들은 상황을 분별력 있게 판단하거나 바로잡기가 어렵다. 그저 엄마가 퍼붓는 말을 주워 담을 뿐이다. 자기 탓을 하는 엄마의 말을 들을 때 아이는 '엄마를 화나게 만들고 괴롭히는 존재'로 자신을 규정한다. 이는 결국 아이 안에서 수치심과 죄책감을 부추긴다. 인간은 뭔가를 생각하면 할수록 점차 그것을 믿게 된다. 그릇된 믿음은 내외적으로 검증을 받으면서 무럭무럭 자란다. 이처럼 오랜 세월 동안 차곡차곡 쌓인 내면아이의 생각은 세상을 보는 방식을 결정하고 선택에 지대한 영향을 미친다. 한정된 생각으로만 초점을 맞추도록 조종하며 터널 시야를 만든다.

문제는 생각뿐 아니라, 생각에 자동 반사적으로 따라붙는 감정이다. 엄마가 아이에게 전가한 수치심은 거머리처럼 아이에게 들러붙어 좀처럼 떨어지지 않는다. 수치심은 존재의 성장을 막는 가장 큰 방해꾼이다. 수치심이 아이의 발목을 잡는 한 아이가 자유롭고 건강하게 자라기는 어렵다.

내 탓이오

"널 낳지 말았어야 했는데, 내가 널 낳는 바람에 이 모양 이 꼴이 됐어." 엄마로부터 줄곧 이런 말을 듣는 아이들은 '내 탓이오'의 덫에 빠진다. 이들은 얼떨결에 엄마의 감정을 떠안는다. 어린아이의 머리로는 도저히 이해할 수 없는 일까지 내 탓이 되어버린다면, 아이로서는 어쩔 도리 없이 자신을 탓할 수밖에 없다. 이유도 모른 채 떠안은 감정은 지우기가 어렵다. 앞서 설명한 '네 탓이오'의 덫에 빠진 엄마에게서 자란다면 아이는 '내 탓이오'를 학습한다.

평생 엄마의 화풀이 대상이었던 현수 씨의 이야기다. 그녀의 엄마는 다혈질인 데다가 수시로 감정이 폭발했다. 어린 현수에게 엄마의 화는 펄펄 끓는 물과 같았다. 다른 사람 앞에서는 지극히 이성적이고 차분한 엄마는 유독 딸에게만은 날것 그대로의 감정을 들이부었다. 할머니가 오셨다가 가는 날은 특히 더 심했다. 그녀는 어린 시절 내내 이유도 모르고 엄마로부터 정서적 학대를 당했다. 때때로 엄마는 어린 현수를 때리기도 했다. 그런데 요즘 현수 씨는 딸을 대하는 자신의 모습을 볼 때마다 경악한다. 자신에게서 그토록 증오했던 엄마의 모습을 보기 때문이다.

한편 지호 씨는 엄마를 생각하면 왠지 모르게 짠하면서도 죄책감이 올라온다. 엄마는 열아홉 살에 자신을 낳아서 기르느라 온갖 고생을 했다. 더군다나 남편이 집을 나가서 오랫동안 들어오지 않는 바람에 경제적으로도 어려운 상황이었다. 지호 씨의 기억 속에는 엄마가 서럽게 우는 장면이 유난히 많다. 밥을 먹다가도 갑자기 울음을 터뜨리는 엄마 때문에 조용히 숟가락을 내려놓아야 했다. 어른인 엄마가 소리 내서 울 때마다 어린 지호는 어찌할 바를 몰랐다. 그저 엄마 옆에서 쭈그리고 앉아서 눈치를 봐야 했다. 어린 지호는 늘 생각했다. '내가 없었다면 엄마는 더 행복했을까?'

주인을 떠난 감정은 언제든 무기가 되어 상대방을 찌른다. 특히 고삐 풀린 엄마의 감정은 날카로운 화살이 되어 아이의 심장을 향한다. 아이에게는 이 뾰족한 무기를 막을 만한 방패가 전혀 없다. 엄마라면, 어른이라면 적어도 자신의 감정에 대해서는 온전히 책임져야 한다. 엄마의 감정은 엄마의 감정일 뿐 아이의 잘못이 아니다. 다시 말하지만, 어떤 경우라도 감정에 '탓'을 붙여서는 안

된다.

내가 느끼는 모든 감정의 출처는 나 자신이다. 어른이라면 자기 안의 힘들고 고통스러운 상황을 세세하게 말로 표현할 수 있어야 한다. 내적 상태를 밖으로 꺼내지 못하면 잘못된 행동으로 표출된다. 이제는 엄마 안의 내면아이에게 귀를 기울여보자. 엄마의 성장을 위해서는 내면아이의 감정과 좀 더 친밀해야 한다.

내면아이의 핵심 감정

어느 엄마의 고백이다. 전학을 오고 얼마 지나지 않은 어느 날이었다. 과학 시간에 공교롭게도 자신이 지목되었다. 답을 몰라 우물쭈물 대답을 삼키고 있을 때였다. 선생님은 아이들이 다 지켜보는 데서 큰 소리로 "너 예전 학교에서는 이런 거 안 가르쳐줬니? 어떻게 이것도 모르지?"라고 말했다. 그 순간 얼굴이 불에 타듯 빨개졌고, 가슴이 터질 것 같았다. 그때의 모멸감과 수치심은 30년이 지난 지금까지도 어제 일처럼 생생하다. 사실 학창 시절에 이런 비슷한 경험을 한 사람이 부지기수다. 그렇다고 누구에게나 상처로 남지는 않는다. '그냥 운이 나빴다'라고 쿨하게 넘긴다면 기억에서도 미련 없이 퇴장한다. 그렇다면 상처로 남는 경우와 아무렇지 않게 넘어가는 경우 간의 차이는 어디에서 비롯되는 것일까?

우리 뇌의 변연계 영역에는 해마라는 곳이 있다. 해마는 새로운 기억을 뇌의 기호로 부호화하여 장기기억 저장소로 보내는 기능을 담당한다. 뇌의 장기기억 저장소의 용량은 한정적이기 때문에, 우리는 살아온 모든 순간을 다 기억하지는 못한다. 기억을 담고 버리는 과정에서 많은 부분이 지워지기 마련이다. 그렇기에 수십 년이 지났음에도 불구하고 우리 뇌 한구석에 눌러앉아 사라지지 않는 기억들은 우리에게 아주 특별하다. 변연계에는 편도체라는 기관도 있다. 편도체는 감정과 아주 밀접하다. 이곳에서는 상황에 대한 주관적인 해석이 일어나며 그 해석에 따라 특정한 감정이 반응한다. 흥미롭게도 편도체와 해마는 인접해 있다. 《몸은 기억한다》의 저자이자 트라우마 전문 심리치료사인 베셀 반 데어 콜크Bessel Van Der Kolk는 "기억은 당사자가 그 일에 얼마나 의미를 두었는지 그리고 그 당시 정서적으로 어떤 기분이었는지에 따라 좌우된다. 가장 핵심이 되는 요소는 흥분의 수준이다"라고 말했다. 이처럼 유독 특정한 감정에 달라붙은 기억들만 세월을 견디면서 살아남는데, 이를 흔히 감정적 기억이라고 부른다.

이 책을 읽기 시작한 순간부터 당신은 마치 오래된 수동 우물펌프를 길어 올리듯 어린 시절 기억을 펌프질해왔다. 그렇게 떠올려진 기억들을 찬찬히 살펴보자. 그중에는 유난히 자주 등장하는 단

골 감정이 있을 것이다. 이처럼 여러분의 기억 속에서 계속 반복되는 감정이 핵심 감정이다. 1장에서 엄마의 감정 컨테이너에 대해서 살펴본 바 있다. 아이의 감정을 잠시 보관하여 중화시켜주기 위해서는 정서적 처리 공간이 꼭 필요하다고 이야기했다. 하지만 그 공간이 이미 엄마의 미해결된 감정들로 가득하다면 그곳은 악취를 풍기는 쓰레기통과 다를 바 없다. 이때 이 컨테이너에 가장 많이 담긴 감정이 핵심 감정이다. 엄마의 핵심 감정은 초감정에도 영향을 미치면서 아이의 감정에 일정한 패턴으로 반응하도록 만든다. 우리는 적어도 오래된 벽지 무늬처럼 반복되는 내면아이의 감정 패턴을 알아야 한다.

3장에서 자신이 못났다는 생각 때문에 사람들과의 관계를 피했던 윤주 씨를 기억하는가? 그녀는 엄마들과의 교류를 피하고 싶어서 멀쩡하게 잘 다니는 아들의 유치원을 옮길까 하고 심각하게 고민하고 있었다. 다음은 그녀의 기억 노트 내용 중 일부다. 시기별로 각각의 경험은 다 다르지만, 그 경험 속에서 그녀가 느꼈던 감정의 색채만큼은 비슷하다.

시기	기억 속 상황	그때 느낀 감정
중학교	비 오는 날 버스를 탔는데, 타자마자 버스가 출발하는 바람에 버스 안에서 뒤로 벌러덩 넘어졌다.	창피함, 수치심
고등학교	명절 때 먼 친척들이 방문했을 때였다. 언니와 오빠는 단번에 알아보면서, 나를 보고는 고개를 갸우뚱하면서 누구냐고 물어보았다. 심지어 내 이름조차도 몰랐다.	서운함, 민망함, 수치심
대학교	종로로 같은 과 친구들과 영화를 보러 갈 때였다. 사람들로 길이 붐비다 보니 하는 수 없이 지하철 환풍구 위로 올라가서 걸어갔는데 갑자기 환풍구 아래에서 바람이 불어와서 치마가 훌러덩 뒤집혔다. 너무나 당황스럽고 창피해서 영화 보는 걸 포기하고 집으로 가고 말았다.	당황스러움, 창피함, 수치심

윤주 씨의 기억 중에서 지워지지 않고 끈질기게 살아남은 기억은 대부분 수치심에 묶여 있다. 그녀는 지금도 다른 사람들의 눈에 비친 자신의 모습에 예민하다. 자신이 어떻게 보일지에 늘 전전긍긍한다. 그래서 관계 속으로 과감히 걸어 들어가지 못한 채 주변을 맴돈다.

이처럼 내면아이의 성장이 멈춘 바로 그 자리에 핵심 감정이 있다. 핵심 감정은 마치 자석과 같아서, 그 감정과 연관된 기억들만

들러붙는다. 엄마라면 적어도 내면아이의 감정과 자신의 감정을 분별할 수 있어야 한다. 엄마가 핵심 감정을 깨닫지 못하면 그 핵심 감정을 건드리는 아이의 행동이나 태도에 과하게 반응하기 쉽다. 어떤 감정이든 수치심에 묶이면 감정은 증폭되거나 왜곡되기 쉽다. 예를 들어 윤주 씨는 아이를 대하는 자신의 이중적인 태도 때문에 혼란스럽다. 평소 집에서는 아이가 떼를 쓰거나 잘못된 행동을 하면 따끔하게 혼을 내거나 타이른다. 하지만 유치원 엄마들이나 다른 사람들이 지켜보는 상황에서는 180도로 돌변한다. 똑같은 아이의 행동을 두고도 밖에서는 집 안에서와 달리 격분하거나 지나칠 정도로 언성을 높인다. 왜 그럴까? 다른 사람들에게 자신이 못난 엄마라는 사실이 드러나는 것이 수치스럽기 때문이다. 양육하면서 아이를 향해 평소답지 않게 흥분하고 소리를 지른다면 내면아이의 핵심 감정을 의심해보아야 한다. 아이는 밥보다 엄마의 감정을 더 많이 먹고 자란다고 말한 바 있다. 어떤 경우라도 내면아이가 아이를 키우도록 방임해서는 안 된다.

감정에 들러붙은 수치심 떼어내기

우리는 앞서 1장에서 일차적 감정과 이차적 감정에 대해서 알아보았다. 우리 안에 내면화된 수치심은 대체로 이차적 감정이다. 이 감정은 눈을 가리는 안대와 같다. 세상을 보는 시야를 좁게 만들고 이는 편협하고 비합리적인 생각으로 이어진다. 하지만 수치심을 걷어내면 우리가 직면한 문제를 선명하게 바라볼 수 있다. 자각이 증대되면 우리는 그에 걸맞은 행동을 선택할 수 있다. 신경학자 조지프 르두Joseph LeDoux는 "정서적 뇌에 의식적으로 접근할 수 있는 유일한 방법은 자각을 통해서다. 즉, 내면에서 일어나는 일을 인지하고 감정을 느끼게 하는 영역인 내측 전전두엽피질의 활성화가 필요하다"라고 말했다.

엄마 안의 수치심을 밖으로 드러낼 수 있어야 비로소 감정을 제대로 알아차릴 수 있다. 수치심은 우리로 하여금 문제 상황으로부터 회피하도록 만든다. 문제가 터질 때마다 아무도 보지 못하는 곳으로 숨어들어 자신을 탓하도록 만든다. 하지만 내 안의 수치심을 알아차리는 순간 내가 직면한 문제를 선명하게 바라볼 수 있다. 이때 비로소 문제를 해결하기 위한 최선의 행동을 선택하는 것이 가능하다.

그렇다면 윤주 씨의 기억에서 수치심을 걷어내보자. 그녀의 기억을 좀 더 객관적이고 성숙한 시각으로 재구성해보자. 물기가 있는 버스에서 넘어지면 그녀뿐 아니라 누구나 창피하다. 이때 창피한 감정은 지극히 당연한 일차적 감정이다. 그런데 일차적 감정에 수치심이 엮이면서 문제가 된다. 그녀는 넘어지는 순간 다른 사람 앞에서 넘어지는 건 있을 수 없는 일이며 치욕적인 상황이라고 해석하고 말았다. 이로 인해 누구나 할 법한 실수는 나처럼 못난 사람만 하는 실수로 변질된다. 이때 수치심은 과도하게 부풀려지고 상황은 계속된다. 그저 '많이 창피한걸. 그런데 바닥이 미끄러운 상태였으니 어쩔 수 없는 일이었어. 다음에는 좀 더 조심해야지'라고 일차적 감정을 수용했다면 그녀의 기억에서 금방 사라질 경험에 지나지 않는다. 어쩌면 그녀의 부주의 때문이 아니라 버스 기사의 성급한 출발 때문에 넘어진 것일 수도 있다. 만약 윤주 씨가 수치심을 느끼지 않았다면 상황을 좀 더 명확히 볼 수 있었을 테고, 때에 따라 문제 개선을 요구할 수도 있었다. 나머지 기억들도 마찬가지다.

　어떻게 내 이름만 모를 수 있지? 내 존재에 대해서는 아무도 관심이 없어. 나는 그저 꿔다놓은 보릿자루 같은 존재야. ⇒ 내 이름조차 기억하지 못하다니, 왠지 서운해. → 내 이름을 또박또박 말한다.
　사람들이 전부 다 보는 앞에서 속옷을 보이다니, 이건 있을 수 없는 일이야. 어떻게 이런 일이 나한테 일어나는 거야. 나는 이제 얼굴을 들고 살 수가 없어. ⇒ 생각지도 못한 일이 벌어져서 순간 너무 당황했어. 와우, 심장이 마구 뛰는데…… 내가 많이 놀랐나 봐. → 환풍구에서 조심히 내려온다.

위의 두 사례에서 미묘한 차이를 읽을 수 있는가? 수치심은 대체로 주의 초점이 다른 사람에게로 향한다. 반면에 일차적 감정은 나의 이야기다. 즉, 내가 느끼고 경험한 부분이다. 이것은 다른 사람들이 함부로 침범할 수 없는 나만의 은밀한 영역이다. 그렇다면 답은 우리 안에 있다. 수치심을 키우지 않기 위해 우리는 내면에서 떠오르는 일차적 감정을 가공하지 않는 채로 받아들이면 된다. 그뿐이다. 이때 일차적 감정은 욕구와 관련이 있음을 기억하자. 자신의 욕구를 알면 욕구를 충족시키기 위해 무엇이 필요한지 명확해진다. 나아가 자기 자신에게 가장 적합하고 올바른 선택이 가능하다.

핵심 감정에 답이 있다

핵심 감정은 하나가 아닐 수도 있다. 중요한 것은 핵심 감정이 '요주의 감정'이라는 점이다. 강한 감정을 불러일으키는 상황에는 늘 핵심 감정이 숨어 있다. 핵심 감정은 부싯돌과 같다. 당신이 과도하게 화를 내거나 흥분을 한다면, 십중팔구 핵심 감정이 부딪혔다는 의미다. 열등감이 핵심 감정인 엄마는 무엇보다 열등감을 건드리는 상황을 참기가 어렵다. 가령 "엄마는 그것도 몰라?"라는 아이의 한마디에 폭발한다. 만일 외로움이 핵심 감정이라면, 소외되거나 이해받지 못하는 상황에서 강한 감정에 휩쓸리기 쉽다. 어떤 엄마는 가족 모두가 자신의 생일을 모르고 지나가는 순간 서러움이 복받쳐서 엉엉 소리 내서 울었다고 한다. 따라서 자신의 핵심 감정을 안다는 것은 미로에서 탈출할 수 있는 지도를 갖는 셈이나 마찬가지다. 양육에서 길을 잃었다면 감정에게 길을 물어야 한다.

다음은 핵심 감정에 따라 기억이 어떻게 구성되는지를 보여주는 기억 노트다. 나에게 정말 의미 있고 중요하다고 여겨지는 것들만 우리 기억에 남는다는 사실을 알 수 있다.

대상	핵심 감정	시기	구체적 상황
엄마 A	열등감	초등학교	초등학교 1학년 때 같은 동네 친구 집에 놀러갔다. 친구 집에는 냉장고가 있었는데, 냉장고에서 얼린 아이스크림을 꺼내 맛보던 그 순간을 잊을 수가 없다. 마냥 부러웠던 게 아니라 우리 집과 나 자신이 한없이 초라하고 보잘것없게 느껴졌다.
		중학교	2학년 때 우리 반에 나와 이름이 똑같은 아이가 있었다. 그래서 친구들도 선생님들도 내 이름은 "키 작은 ○○"이라고 불렀지만, 그 애는 "똑똑한 ○○"이라고 불렀다. 내 이름이 정말이지 혐오스러울 지경이었다. 중학교 2학년 시절은 나에게 지옥이었다.
		고등학교	학생생활기록부에 엄마와 아빠의 학력을 기재하는 칸이 있었다. 나는 초졸, 중졸이라고 적었는데, 옆 짝꿍은 고졸과 전문대졸이라고 적는 걸 우연히 훔쳐본 순간 나의 얼굴이 화끈거리고 창피해서 얼른 책으로 덮어버렸던 기억이 선명하다.

엄마 B	수치심	초등학교	시험 성적이 뚝 떨어져서 엄마에게 혼나던 중 속옷만 입은 채 대문 밖으로 쫓겨났다. 그때 때마침 우리 집 앞을 지나가는 같은 반 남자아이 둘과 눈이 딱 마주쳤다
		중학교	남녀공학 학교를 다녔는데, 선생님의 실수로 내 수학 시험 성적이 공개되었다. 이후 남자아이들이 여기저기서 수군대며 놀렸다. "얘들아, 저기 55점 간다!!"
		고등학교	전교 조회 시간에 줄이 비뚤다고 느닷없이 체육 선생님이 내 엉덩이를 발로 걷어찼다.
엄마 C	외로움	유치원	어두컴컴한 방에서 혼자 울면서 엄마를 기다리고 있다.
		초등학교	비 오는 날 다른 친구들은 엄마나 아빠가 와서 우산을 씌워주었지만, 나는 혼자서 비를 쫄딱 맞으며 집으로 걸어갔다.
		중학교	예절교육 시간에 농사일로 너무 바쁜 엄마가 참석하지 못해서 나 혼자서만 내 엄마가 아닌 친구 엄마에게 절을 해야 했다.

감정은 곧 내가 아니다

감정은 인간을 인간답게 만든다. 하지만 그 인간다움을 앗아가는 것도 감정이다. 지킬박사와 하이드는 감정적으로 다른 자아에 불과하다. 인간다움을 유지하는 관건은 감정과 자신을 얼마나 분리하느냐에 달려 있다. 감정과 자신을 분리한다는 것은 감정에 이성을 더한다는 의미다. 감정은 이성의 반대 개념이 아니다. 우리의 감정은 경험에 가치를 부여하고, 이 가치는 이성의 토대가 된다. 이성이 함께하지 않는 감정은 위험하다. 우리가 하는 모든 성숙한 행동은 이성적 뇌와 정서적 뇌의 균형에서 오는 결과물이다. 이 두 영역의 합이 맞을 때 우리는 스스로를 '나답다'라고 느낀다.

감정은 우리의 삶에 필수적인 요소이지만, 그렇다고 해서 감정이 곧 나는 아니다. 감정은 우리의 일부에 지나지 않는다. 우리는 감정을 느끼는 주체이지, 감정 그 자체가 아니다. 감정은 일시적으로 우리를 거쳐 가는 생리적 현상과 유사하다. 분노처럼 감당하기 힘든 감정이라도 내가 누구인지를 보여주는 게 아니라 생리적인 반응이라는 것을 잊어서는 안 된다. 화가 날 때 우리는 "나는 화가 났다"라고 말한다. 이를 영어식으로는 "I am angry"라고 표현한다. 하지만 더 엄밀히 따진다면 "I have a feeling of anger"라고 하는 게 맞다. '나는 화라는 감정을 갖고 있는 상태'인 것이지, 내가 화 그 자체는 아니기 때문이다. 감정의 주인이 될 때, 우리는 비로소 감정을 느끼고 처리하고 통제할 수 있다. 스스로 감정의 노예로 전락하는 순간, 감정에 대해 우리가 해볼 만한 일은 아무것도 없다. 그저 감정이 시키는 대로 통제당하고 휘둘릴 뿐이다.

감정 조절이란 없다

앞서 '감정 조절'이라는 말을 많이 사용했다. 하지만 감정 조절이라는 말 때문에 우리는 감정에 대해 오해를 한다. 이 말은 자칫 감정을 마치 원하는 대로 조절이 가능한 것처럼 여기게 한다. 많은 이들이 의지만 불태우면 감정쯤이야 자신이 원하는 대로 조작이 가능하다고 믿는다. '너를 조금 더 사랑하겠다', '너를 조금 덜 사랑하겠다', 또는 '살짝 사랑하겠다'라는 말이 어떻게 들리는가? 감정에는 '적당히, 아주 많이, 살짝'이라는 말이 적용되지 않는다. 감정은 단지 느껴질 뿐이다. 약물의 도움을 받지 않는 한, 안타깝게도 우리에게는 감정을 선택할 권리가 없다. 다만 우리가 할 수 있는 것은 감정의 강도를 조금 누그러뜨리거나 혹은 지속 시간을 줄이는 일뿐이다. 즉, 호흡하거나 몸을 움직임으로써 신체감각을 조절하거나 혹은 생각을 다스리면서 감정이 머무는 시간 정도를 조절해볼 수는 있다.

이미 1장에서도 강조한 바와 같이, '화나는' 것과 '화내는' 건 엄연히 다르다. 화가 나는 것은 몸의 불수의적인 생리적 반응이다. 우리가 손써볼 수 없는 영역이다. 하지만 화를 내는 것은 화를 행동으로 표출함을 가리킨다. 엄밀히 말해, 화나는 것은 우리의 의지 밖이지만 화내는 건 온전히 우리의 선택에 달렸다. 감정을 조절하고 통제한다는 의미는 결과적으로 행동을 조절하는 것을 말한다. 어쩌면 감정 조절이라는 말 대신에 행동 조절이라는 말을 쓰는 편이 더 바람직할 수도 있다.

연구에 의하면 생리적 현상인 감정은 90초 동안만 지속한다. 그 후에는 사라진다. 그렇다면 감정이 일어날 때 아무것도 하지 않고 그저 흘러가게 그냥 두면 될 일이다. 하지만 사람들은 마치 지나가는 나그네의 멱살을 잡듯이 감정을 붙잡고 이야기를 계속 지어내고 반추한다. 결과적으로 감정이 만든 덫에 빠진다. 90초면 끝날 일을 몇 날 며칠짜리 분노나 짜증 혹은 몇 년짜리 원한과 억울함으로 탈바꿈시켜버린다.

자신의 감정을 조절하지 못하는 엄마는, 아이의 감정을 방임하거나 지나치게 반응하여 문제를 더 키운다. 아이들은 엄마를 통해 자신의 감정과 관계 맺는 방식을 배운다. 따라서 엄마라면 감정과 좀 더 친밀해져야 한다. 적어도 통제력을 잃지 않고 엄마 안의 모든 감정을 견뎌내는 능력을 길러야 한다. 감정을 조절한다는 것은 감정을 무작정 잘라버리거나 쫓아버리는 게 아니다. 오히려 감정이 우리 안에서 충분히 머물고 느껴지도록 허락하는 일이다. 감정과 함께 떠오르는 감각을 온몸으로 확인하고, 사라질 때까지 호흡하는 과정이다.

앞서 말한 바와 같이 감정은 지나가는 나그네에 불과하다. 감정의 멱살을 잡고 시비를 걸어서는 안 된다. 대신 나의 감정이 그냥 흘러가는 대로 묵묵히 지켜보자. 마치 시냇물에 나뭇잎 한 장이 떠내려가는 걸 지긋이 바라본다고 상상해보자. 나뭇잎 위에 자신의 감정을 살포시 올려두자. 나의 감정이 물에 떠내려간다. 감정 하나하나에 이름을 붙여본다. 이름을 붙이고 불러주면 감정은 누그러진다. 본능적으로 반응하는 것을 멈추고 한발 물러서면 우리 몸에서 느껴지는 감각뿐 아니라 감정과 공존하는 것이 가능하다. 감정과 싸운다는 것은 그림자를 상자 속에 집어넣으려고 발버둥 치는 것과 같다. 감정과 불필요한 싸움을 하는 데 우리의 에너지를 소진할 게 아니라 이제는 감정과 화해를 할 때다.

생각의
경계 세우기

저절로 떠오르는 자동적 사고

하진 씨는 오랜만에 가족 외출을 준비 중이다. 눈썹이 휘날리도록 분주하게 움직이는 그녀의 눈에 소파에 앉아서 휴대폰을 만지작거리는 아이가 들어온다. '쟤는 왜 또 저렇게 늑장을 부리는 거야. 나가기 싫어서 일부러 그러는 거 아니야?'라는 생각에 그녀의 분노 지수가 치솟는다. "너는 왜 이렇게 꾸물대는 거야? 또 가기 싫은 거야?" "아니라고!" "아니긴 뭐가 아니야. 내가 널 몰라?" 어느 틈에 엄마와 아들은 언성을 높이며 싸운다. 사실 아들은 어제 친한 친구와 심하게 다투고 화해를 하지 못한 상태다. 친구에게 먼저 연락을 할까 말까 망설이던 중이었다.

하진 씨뿐만 아니다. 누구나 의식을 기울이지 않으면 일어난 일들을 자기 식대로 해석한다. 이 생각들 대부분은 자동적이며 무의식적이다. 이처럼 즉각적이고 충동적으로 떠오르는 생각을 인지치료에서는 자동적 사고라고 부른다. 저절로 떠오르는 생각이라는 뜻이다. 자동적 사고는 마치 자율주행 자동차처럼 우리를 일정 방향으로 몰아간다. 하지만 조금만 주의를 기울이면 쉽게 알아차릴 수 있다.

내면아이의 생각, 핵심 신념

자동 반사적인 생각들의 밑바탕에는 핵심 신념이 뿌리박혀 있다. 이 신념들이 실시간으로 자동적 사고를 만들어낸다. 핵심 신념은 아기가 엄마 자궁에서 밖으로 나오는 순간부터 만들어지기 시작한다. 출생 후 아기는 몸만 자라는 것이 아니라 마음과 생각도 함께 자란다. 아기의 뇌에서는 세상에 대한 정서적 지도와 생각 지도가 발달하고 아기에게 일어나는 모든 일이 이 지도의 형성에 영향을 미친다.

갓 태어나서 두 돌까지 아기의 뇌는 스펀지와 같다. 비판적인 사고 능력 없이 경험하는 그대로를 흡수해버린다. 어린 아기들의 뇌는 자신들의 경험을 객관적이고 분별력 있게 판단하기에는 아직 취약하다. 따라서 아기들은 모든 경험을 안전한지 아닌지라는 기준으로만 판단한다. 그리고 판단한 그대로를 머리가 아닌 몸과 정서에 깊이 새긴다. 간혹 우리는 원인도 모른 채 특정한 상황에서 과민 반응을 하는 경우가 있다. 오래전 강의에서 만난 가희 씨는 아이의 울음소리에 극도로 예민했다. 하지만 자신이 왜 그토록 아이의 울음에 과민 반응을 하는지 몰라 답답해했다. 머리로는 도저히 풀 수 없는 많은 것들은 어쩌면 엄마의 몸에 새겨진 기억의 조각 때문일 수 있다. 나중에 안 사실이지만, 그녀는 두 돌도 안 되었을 때 심하게 떼를 쓰고 운다는 이유로 어두운 방 안에 혼자 버려진 적이 있었다.

두 살에서 네 살까지 아이는 자신의 내면에 집중하기 시작한다. 전두엽은 두 돌 때 빠른 속도로 발달한다. 이때 상상력이 생겨나고 이 무렵 아이들은 종종 꿈과 현실을 혼동하기도 한다. 실제로 이즈음의 아이들은 침대 밑에 괴물이 산다고 믿거나 공주 옷만 걸치면 자신이 공주가 된다고 믿는다. 이 시기에 초보적인 수준의 비판적인 사고 능력을 갖추기 시작한다. 하지만 여전히 자기중심적인 수준에 머문다. 자기중심적이라는 것은 이기적이라는 의미가 아니라 자기와 타인의 차이를 이해하지 못하는 상태를 뜻한다. 이들은 자신에게 일어나는 모든 일이 자기 탓이라고 생각한다. 엄마가 한숨을 쉬는 건 엄마가 자신에게 실망했기 때문이라고 믿는다. 아빠가 화를 내는 건 자신이 아빠를 화나게 만들고 있기 때문이라고 믿는다. 자기 존재 자체가 결함이 있어서 제대로 된 돌봄을 받지 못한다고 믿는다. 이는 고통스러운 정서적 경험을 이해하기 위한 아이 나름의 몸부림이다. 이런 믿음은 세월을 거치면서 내재화되고 결국 '세상은 나쁜 곳이다'라는 신념으로 굳어진다.

아이가 다섯 살쯤 되면 드디어 분석적인 사고가 가능해지고, 인과관계를 이해한다. 쉽게 말해, 엄마 말을 듣지 않으면 엄마한테 혼날 것이라고 생각을 하는 게 이때쯤이다. 하지만 여전히 초보적인 수준의 이해로 진짜와 가짜를 구분해내기 어려울 수도 있다. 이 연령대의 아이가 거짓말을 한다면 둘 중 하나다. 그게 거짓말인지도 모르고 실제로 그렇게 믿고 있거나 혹은 나쁜 아이가 되지 않기 위한 나름의 전략을 구사하는 것이다.

일곱 살이 되면 비판적이고 논리적인 사고가 가능해지고 생각의 깊이가 더해진다. 이제는 추상적이고 상징적인 생각을 이해한다. 그리고 내일의 일을 계획하고 다른 사람과 잘 지내는 법도 안다. 고대 철학자들은 일곱 살을 '이성의 나이'라고 불렀다. 이때가 되어서야 비로소 객관적인 판단이 가능해진다. 엄마가 한숨을 쉬면 엄마의 일이 생각대로 풀리지 않아서 그런 것이라고 생각한다. 아빠가 화를 내면 아빠는 감정을 조절하지 못하는 어른이라고 생각한다. 하지만 이때쯤이면 이미 핵심 신념이 축적되고 잠재의식적인 프로그래밍이 이미 끝난 상태다. 즉, 일곱 살 이전의 모든 경험을 토대로 각인된 아이의 핵심 신념은 지워내기 어렵다. 이는 이후 어른이 되어서도 사사건건 아이의 행동에 영향을 미친다.

엄마의 핵심 신념이 아이를 키운다

내면아이의 핵심 신념은 엄마 자신에게만 영향을 미치지 않는다. 아이는 부모의 생각과 가치관을 기준으로 삼고 거기에 자신을 맞춰간다. 부모의 기준에 맞추기 위해 자신의 일부분을 부인하거나 혹은 과장하기도 한다. 아이 입장에서는 부모로부터 사랑받는 것이 지상 최대의 목적이기 때문이다. '넌 너무 예민해서 문제야'라는 부모의 말은 '예민한 상태에서는 사랑받기 어렵기 때문에 나의 예민함은 감추는 게 좋다'는 신념을 아이 마음에 새긴다. 하지만 자신의 타고난 본성을 감추고 억누르면서 예민하지 않으려고 애쓰다 보면 어느 순간 자신과 분리된다. 그렇게 거짓 자기가 만들어진다. 부모에게서 듣는 사소하고 반복적인 메시지는 종종 아이의 핵심 신념이 된다.

"다 너를 위해서 하는 거야." → 사랑받기 위해서는 부모의 뜻대로 행동해야만 한다. → 나의 의지대로 행동하기보다는 다른 사람의 말에 복종하는 편이 바람직하다.

"네 언니 반만이라도 닮아라." → 나는 언니만큼 훌륭하지 않아. 있는 그대로의 모습으로는 사랑받을 수 없어. → 나는 보잘것없는 사람이다. (낮은 자존감)

어린 시절 엄마의 부정적 신념에 무방비로 노출되었다면, 아이는 엄마의 부정적인 믿음을 토대로 세상을 바라보고 경험을 해석한다. 우리 뇌의 망상활성계RAS라는 신경섬유 다발은 이를 가장 잘 설명해준다. 뇌간에 위치한 망상활성계는 우리의 경험 중에서 정말 중요하다고 여기는 것만 흡수하고 필요 없다고 여기는 건 걸러낸다. 마치 뇌의 문지기와 같다. 이때 경험을 필터링하면서 망상활성계가 참조하는 것은 어린 시절부터 우리에게 형성된 핵심 신념이다. 즉, 자신의 믿음에 부합하는 것은 받아들이고, 믿음에 반하는 건 가차 없이 버린다. 그렇게 핵심 신념은 점점 두텁고 단단해진다.

에릭슨의 심리 사회적 발달단계 4단계를 설명하며 예시로 언급했던 예인이 엄마 현아 씨를 기억하는가? 그녀는 소꿉놀이에서 학생과 환자만을 도맡는 딸의 모습을 보고 흥분했다. 그녀는 어린 시절 언니와의 비교로 인해 심각한 열등감에 빠져 있었다. 그녀의 오래 묵은 열등감은 딸에게도 직접적인 영향을 미쳤다. 사실 예인이는 놀이를 주도적으로 이끌어가며, 놀이 중 다양한 아이디어를 내는 아이다. 다만 선호하는 역할이 학생이나 환자일 뿐이다. 하지만 현아 씨는 자신이 보고자 하는 면만 바라보며 예인이의 창의성과 주도성은 묵과했다. 예인이는 엄마로부터 쏟아지는 무차별적인 비난을 꾸역꾸역 삼키며 점차 자신을 부정적으로 인식하게 된다.

핵심 신념은 내가 아니다

나는 _____ 다.

빈칸을 한번 자유롭게 채워보자. 살아오면서 들어왔던 말이나 혹은 스스로 생각하는 자신에 대해서 떠올려보자. '난 똑똑해', '난 바보 같아', '난 수줍어', '난 활발해', '난 주의가 산만해', '난 공부를 못해' 등의 생각은 핵심 신념과 관련이 있다. 당신이 적은 말을 주의 깊게 살펴보자. 혹시 '나'라는 단어 다음에 부정적인 문장들로 채워지지는 않았는가?

핵심 신념은 자신의 정체성에 대한 뿌리 깊은 인식이다. 아주 어릴 때부터 반복적으로 들었던 말이기 때문에 한 치의 의심도 없이 그냥 '자신'이라고 믿는다. 처음에는 단순한 생각에서 시작되었으나 그와 유사한 경험들이 반복되면서 '거봐, 그게 맞잖아'가 된다. 이처럼 믿음이 반복적으로 검증을 거치게 되면 핵심 신념이 된다.

우리는 핵심 신념에 따라 세상을 바라보고 행동한다. 핵심 신념은 우리 뇌의 가장 중심에 자리 잡고 앉아서 무엇을 생각할지, 어떻게 행동할지를 제멋대로 결정한다. 자기 자신이나 타인 혹은 자신의 과거와 미래 등에 관한 믿음은 세상을 바라보는 프레임과 같다. 핵심 신념이 형성되자마자 확증 편향confirmation of bias이 시작된다. 다시 말해, 자신이 믿는 것을 입증해주는 정보는 그대로 흡수하는 반면, 그에 반대되는 정보는 무시하고 버린다. 예를 들어 '나는 무능력하다'라는 핵심 신념으로 똘똘 뭉쳐 있는 엄마라면, 자신의 실수에 대해서는 민감하게 알아차리고 흡수하는 반면, 자신이 근사하게 해낸 일에 대해서는 곧바로 잊어버린다. 그러고는 자녀의 양육을 내팽개치거나 혹은 모든 상황을 어쩔 수 없다고 여긴다. 아이가 잘못된 행동을 하거나 심지어 성적이 떨어져도 자신의 탓이라 여기면서 무능력을 재차 확인한다. 하지만 아이가 잘해내는 일은 가볍게 무시한다. 사실 핵심 신념의 문제를 떠나 인간은 태곳

적부터 부정 편향에 휩쓸리는 경향이 강하다. 긍정적인 정보보다는 부정적인 정보에 더 쉽게 이끌리며, 그것을 훨씬 더 가치 있게 평가한다. 생존하고 적응하기 위해서 자율신경계가 부정적인 상황에 더 민감하게 반응하도록 조정되었기 때문이다. 대부분 사람이 다른 사람의 칭찬이나 부러움은 금방 잊어버리지만, 비난과 질책은 오랫동안 마음에 담아두는 이유다. 하지만 부정적인 핵심 신념으로 똘똘 뭉친 사람이라면 설상가상이 되어 상황을 악화시킨다. 핵심 신념은 문신처럼 너무 깊이 각인되어 지워버리기가 어렵다. 하지만 핵심 신념을 바꾸는 일이 아예 불가능한 것은 아니다. 우리가 각고의 노력을 쏟는다면 핵심 신념으로부터 자신을 분리해낼 수 있다. 생각은 생각일 뿐 생각이 곧 내가 될 수는 없다. 우리는 생각하는 주체이지 생각 그 자체가 아니라는 사실을 잊어서는 안 된다. 생각과 나 사이에는 분명한 경계가 필요하다.

닥쳐! 조용히 해!

부정적인 내면의 목소리는 우리의 자신감을 떨어뜨리고, 미래에 대해 파국적인 시나리오를 쓰도록 강요한다. '안될 거야.' '이제 난 끝이야.' 이 소리의 임무는 우리에게 수치심을 씌우는 일이다. 이제는 부모가 곁에 없음에도 불구하고 여전히 비난의 음성들은 내면화되어 엄마 안에서 실시간 재생된다. 수치심이 내재된 사람은 다른 사람보다 훨씬 더 많은 어마어마한 양의 부정적인 소리를 듣는다. 이 소리는 우리를 절망하고 낙담하게 만든다. 오래되고 익숙한 내면의 음성을 분별해내려면 각별한 주의가 필요하다.

언제라도 자신을 고통으로 몰아가거나 혼란스럽게 만드는 내면의 소리가 들리면 생각을 중단시키자. 만일 혼자 있는 공간이라면 큰 소리로 "그만해!", "닥쳐!" 또는 "조용히 해!"라고 말해도 좋다. 다른 사람과 함께 있는 공간이라면 이런 말들을 마음속으로 외치는 동시에 손등을 가볍게 치거나 혹은 허벅지를 꼬집는 것도 방법이다. 그 즉시 생각을 멈추고 30초 정도 버텨보자. 생각이 풀이 죽으면 이제는 아주 작은 목소리로 "그만"이라고 해도 좋다. 내 머릿속에 지우개가 있어서 생각을 쓱쓱 지운다고 상상하자. 머릿속이 텅 빈 상태가 될 때까지 이 방법을 연습하자. 생각이 점차 줄어들어 완전히 사라질 때까지 계속 반복하기를 권한다.

내면의 소리, 너 나와!

생각이 떠오를 때마다 생각을 낚아채서 그 정체를 밝혀보자. 아마 여러분 안에서는 '난 멍청해!', '난 너무 이기적이야!', '난 너무 느려 터졌어' 등의 온갖 내면의 소리가 들려올 수도 있다. 이 소리는 어린 시절부터 줄곧 들어왔거나, 어른이 되어서도 누군가로부터 반복적으로 들어야만 했던 목소리다. 지금이 생각의 경계를 세워야 하는 타이밍이다. 주어를 '나'가 아니라 '너'로 바꾸어서 다시 말해보자. "너는 멍청해", "너는 너무 이기적이야", "넌 너무 느려 터졌어"라고. 그 목소리를 꺼내면 꺼낼수록 당신은 그 소리의 출처가 당신 자신이 아니라는 사실을 깨닫게 된다. 어린 시절 부모로부터 받은 비난과 비판들이 내면화되었다는 사실을 발견하게 된다. 그 오래된 생각과 지금의 나 사이에 경계를 세웠다면, 이제 우리는 그 목소리에 대답해줘야 한다. 어릴 때는 주눅이 들어서 혹은 엄마가 날 사랑하지 않을까 봐 겁이 나서 꿀꺽 삼켜버렸던 그 말을 이제는 입 밖으로 토해내야 할 때다. 그 목소리가 얼마나 비합리적인지를 따져야 한다. 이제 당신은 어른이다. 당신에게 수치심을 주는 생각에 더는 움츠러들거나 주눅 들 필요가 없다. 당당하게 맞서면 내면의 소리로 인한 악순환을 깨뜨릴 수 있다. 이제는 그 목소리에 정면으로 대응하라. 부정적인 내면의 소리가 들려올 때 그 소리를 구체화시켜 재빨리 긍정적인 소리로 바꿔놓자. 만약 이게 어렵다면 적어도 부정적인 말에 '아니야'라고 반박하며 생각이 더 커지지 않도록 움켜쥐자. 생각 자체를 흔들어 흐지부지하게 만들어야 한다. 시간이 조금 더 지나면 그 자리를 그보다 강한 자기 확신으로 채워 넣을 수 있게 된다.

- '넌 너무 멍청해!'
→ "아니야. 난 단지 ○○을 모를 뿐이야."

- '넌 너무 이기적이야!'
→ "아니야! 난 단지 ○○을 하고 싶었을 뿐이야."

- '넌 너무 느려 터졌어.'
→ "아니야! 좀 더 생각할 시간이 필요했던 것뿐이야."

핵심 신념은 대체로 수치심에 오염된다. 수치심의 문제는 무엇이든 숨기고 감춘다는 점이다. 따라서 수치심을 벗겨내기 위한 유일한 방법은 더는 숨지 못하도록 수치심에 묶인 생각을 세상 밖으로 끌어내는 일이다. 생각을 말로 하거나 혹은 글로 표현하는 것이 가장 효과적이다.

자기 안의 생각을 말로 표현하자. 일단 내면의 소리를 크게 말로 내뱉게 되면 격한 감정도 덩달아 정체를 드러낸다. 마치 지푸라기에 줄줄이 엮인 굴비처럼, 생각에 엮인 감정들이 줄줄이 올라온다. 앞서 우리는 이미 생각과 감정의 관계를 알아보았다. 생각과 감정은 때론 환상의 짝꿍이지만, 내면아이의 생각과 감정은 '환장의 짝

꿈'에 더 가깝다. 안에서 계속 맴도는 생각을 가려내 낱낱이 기록하는 게 중요하다. 부정적인 소리를 무의식적으로 따라가는 것을 멈추어야 한다. 그래야만 또렷한 의식을 가지고 내면의 소리에 대응할 수 있다. 물론 이렇게 하기 위해서는 주의가 필요하며 끊임없는 각성이 요구된다.

생각을 전환하라

이제 내면의 소리를 몰아낸 그 자리를 다른 생각으로 대체하자. 우리에게는 현실적이며 사실에 초점을 맞춘 생각들이 필요하다. 이제는 내면아이의 목소리가 아니라 엄마 자신의 목소리가 필요하다.

몇 달 전에 학교폭력 대책 심의위원회에서 처벌을 받은 가해자 학생의 엄마들을 만난 적 있다. 두 아이가 한 아이를 괴롭혀서 폭력으로 신고된 케이스였다. 두 아이 모두 같은 처벌을 받은 상태였다. 하지만 사안을 받아들이고 대응하는 두 엄마의 모습은 판이했다. 한 엄마는 피해자 탓과 학교 탓이 주를 이루었다.

"그게 무슨 폭력인가요? 그 정도가 폭력이면 모든 게 다 폭력 아닌가요? 피해자 아이가 너무 유별나고 예민한 걸 가지고 왜 우리 애가 이런 걸 겪어야 하는지 모르겠어요."

이 엄마는 피해자 아이의 엄마를 명예훼손으로 고소를 했다. 그리고 아들에게도 "너는 아무 문제없으니 신경 쓰지 말라"라고 당부했다. 혹여 아들이 충격으로 인해 자존감이 떨어질까 전전긍긍했다. 이에 비해 다른 엄마는 생각이 많아 보였다.

"전 이런 정도도 폭력이 된다는 건 미처 생각하지 못했어요. 물론 당혹스럽기는 했지만, 우리 애와 폭력에 대해 많은 이야기를 나눴어요. 아이도 적잖이 당황스럽고 겁이 났나 보더라고요."

이 엄마는 아들과 많은 대화를 주고받았다. 아이는 사실 친하다고 생각해서 친구의 후드티 모자를 거칠게 잡아당겼다. 뒤늦게 자신의 행위가 친구에게 불쾌감이나 위협감을 줄 수도 있다는 사실을 깨달았다. 이 아이는 폭력에 대한 감수성을 기르는 동시에, 소통의 중요성을 배웠다. 피해자와 학교 탓을 일삼았던 엄마는 어쩌면 '세상도 타인도 믿을 수가 없어'라는 신념을 가졌다면, 후자의 엄마는 '모든 경험으로부터 배울 수 있다'라는 신념을 지녔을 가능성이 높다.

때문에, 불구하고 그리고 덕분에

우리가 은연중에 가장 많이 취하는 관점은 '~ 때문에'다. "너 때문에 엄마가 못 살겠다", "당신 때문에 아직도 우리가 이 모양 이 꼴로 사는 거 아니야!", "저 차 때문에 교통이 엉망이 되었잖아" 같은 말들이 그렇다. 모든 걸 상대방의 탓이라고 여기면 사건의 주체는 내가 아니라 상대방이 된다. 이 상황이나 사건에서 자신은 그저 배경에 지나지 않는다. 이렇게 되면 상황이나 사건을 통제할 수 있는 사람 또한 상대방이 된다. 아이의 행동이 변해야만 엄마는 비로소 살 수 있고, 남편의 선택만이 우리 가정의 경제를 통제할 수 있으며, '저 차'가 이 모든 교통 상황을 좌지우지한다. 내가 해볼 수 있는 건 고작 남을 탓하고 신세를 한탄하는 것 말고는 아무것도 없다. 그야말로 '내 마음대로 되는 일이 하나도 없다'는 것을 경험하기 때문에 매사 좌절이 따른다. 앞서 예시로 들었던 엄마들 중 전자가 이 유형에 해당한다. 그 엄마는 피해자 아이 때문에 아들이 겪지 않아도 될 일을 겪는다고 믿었다.

두 번째는 '~에도 불구하고' 관점이다. "가난에도 불구하고 좋은 대학을 갔어", "키가 작은데도 불구하고 해냈구나!"라는 말들이 여기에 속한다. 어찌 보면 좋은 관점이라 볼 수 있다. 하지만 이런 말들의 이면을 좀 더 파고들면 가난과 작은 키가 나의 발목을 잡는데도 불구하고 이겨냈다고 여기는 마음이 담겼다. 즉, 여전히 가난과 외모에 대한 열등감이나 불만이 들어 있다고 볼 수 있다.

마지막으로 '~덕분에' 관점이다. 앞서 '학교폭력 대책 심의위원회에 회부된 덕분에 많은 걸 배우고 성장할 수 있었다'라는 생각을 한 후자의 엄마가 이에 해당한다. 사실 가장 취하기가 어려운 관점이라고 할 수 있다. 우리 모두에게는 결핍이 있다. 실질적인 결핍도 있지만, 때로는 잘 몰라서 또는 부족해서 생기는 결핍도 있다. 결핍에 수치심이 버무려지면 행동에 제약이 생긴다. 반면 결핍을 있는 그대로 인정하고 받아들이면 결핍은 우리를 성장으로 이끌어 준다. 가난했던 덕분에 믿을 건 자신밖에 없었다. 그래서 좀 더 억척같이 매달릴 수 있었다. 키가 작았던 덕분에 남들보다 더 많은 전략이 필요했고 그 결과 끊임없이 자신의 단점을 극복해낼 수 있었다. 자라는 과정에서 하루가 멀다 하고 말썽을 일으키는 아이를 둔 엄마들은 아이를 보면 한숨만 나온다고 말한다. 하지만 관점을 살짝만 틀어보자. 어쩌면 아이 덕분에 엄마가 성장할 수도 있다. 고분고분 말을 잘 듣는 순종적인 아이라면 경험해보지 못할 일들이다. 온갖 문제를 일으키는 아이를 키우면서 엄마는 문제를 해결해내는 방법을 배우기도 한다. 갈등을 겪으면서 아이의 욕구를 더 잘 이해할 수도 있다.

돼지는 고작 45도 정도만 위를 쳐다볼 수 있다고 한다. 돼지가 하늘을 마음껏 볼 수 있는 때는 뒤로 벌러덩 넘어질 때다. 엄마도 마찬가지가 아닐까? 양육은 끊임없는 실패의 과정이다. 넘어지고 일어서고의 반복이 양육에서는 쉴 새 없이 일어난다. 이 과정을 통해서 엄마 또한 성장한다. 감히 단언컨대, 예고도 없이 엄마를 넘어뜨리는 아이들은 모두 스승이다. 그래서 '아이 덕분에 제가 이렇게 성장했어요'라고 고백하는 엄마들이 점점 더 늘어나기를 진심으로 바랄 뿐이다.

생각을 업데이트하라

로마 철학자 에픽테토스Epictetus는 "상황 그 자체가 아니라 상황에 대한 해석이 우리를 고통스럽게 만든다"라고 말했다. 똑같은 상황에 직면할지라도 개인에 따라 해석이 달라질 수 있으며 이 해석은 지극히 주관적인 수준에서 우리의 감정에 영향을 미친다. 그리고 감정은 우리의 행동을 결정한다.

우리는 몸이 자라면 모든 것이 함께 성장한다고 착각한다. 하지만 시간이 흐르고 몸이 자라도 성장하지 않는 게 있다. 바로 우리의 기억이다. 어린 시절 우리 안에 만들어진 기억은 절대 업데이트되지 않으며 지금의 현실을 반영하지 않는다. 그래서 우리는 우리 안의 기억을 업데이트해야만 한다. 우리가 지나온 과거를 바꿀 수는 없다. 하지만 경험에 대한 해석과 관점은 바꿀 수 있다. 이 해석과 관점을 흔히 심리적 조망권이라고 한다. 심리적 조망권이 넓으면 마치 나무 꼭대기에 올라가서 아래를 내려다보는 것 같다. 이제는 생각을 할 때도 어린아이가 아닌 엄마 또는 어른의 키 높이에서 바라볼 줄 아는 시선이 절실하다.

그러기 위해서는 우리 안의 오래되고 낡은 신념을 버려야 한다. 엄마의 신념은 어린 시절부터 이어져온 해로운 수치심이 가져다준 결과다. 이제는 내면아이의 어리고 좁은 시각으로 만들어진 관점에서 벗어나 어른의 시각으로 세상을 바라보아야 할 때다.

옆의 표에 적힌 내용에서도 알 수 있지만, 생각과 감정은 모빌처럼 언제나 함께 움직인다. 비합리적인 생각을 조금만 비틀어도 감정이 편안해진다. 생각만 살짝 바꾸어도 내 안의 상처가 어느 정도 견딜 만한 수준이 된다.

〈표 2〉는 생각과 감정을 내면아이의 시각에서 어른의 시각으로 바꿔본 예시다. 좀 더 현실적이고 객관적인 시각에서 상황을 다시 살펴보자.

앞서 작성한 당신의 기억 노트에서 몇 가지 기억들을 찾아서 〈표 2〉와 같이 정리하는 작업을 해보자. 이는 내면아이의 상처로부터 벗어나는 데 가장 효과적이면서도 필수적인 작업이다.

사실 내면아이의 생각을 바꾸기는 쉽지 않다. 마치 해안가의 암석이 풍화작용과 침식작용으로 깎이고 부서지면서 자갈, 모래, 진흙이 되고, 이들이 물이나 바람에 의해 운반되어 퇴적물이 되어 지층을 만들 듯이 내면아이의 신념은 어린 시절 양육 환경과 문화 그리고 경험 등이 누적된 결과다. 이처럼 시간이 다소 걸리겠지만 인내심을 가지고 진행해보자. 혹시라도 생각이 막혀서 도저히 기억이 안 난다면 배우자나 혹은 지인들에게 도움을 청하는 것도 좋다. 내가 아닌 다른 사람은 나의 일을 객관적인 시각으로 다시 살펴봐줄 수 있기 때문이다. 다만 도움을 요청할 상대들은 수치심이 내재화되지 않은 사람들이어야 한다. 자칫 그들 내면의 수치심이 당신에 대한 비난과 판단으로 이어질 수도 있기 때문이다.

〈표 2〉

상황	내면아이의 생각과 감정	업데이트한 생각과 감정
어린 시절 엄마는 기분이 나쁠 때마다 나를 마구 때렸다.	'나는 함부로 대해도 되는 보잘것없고 쓸모없는 인간이야' → 슬픔, 수치심	'이건 나의 잘못이 아니야. 엄마는 절대로 어린 나에게 그러면 안 되는 거였어.' → (엄마를 향한) 화, (자신을 향한) 연민
엄마와 아빠가 이혼했다. 이후 엄마는 하루에도 수십 번 아빠가 얼마나 못난 사람인지를 귀에 박히도록 말하곤 했다.	'세상에 나 혼자 버려진 기분이야. 아무도 나에게는 관심조차 없어.' → 외로움 '아빠가 정말 나쁜 사람일까?' → 혼란스러움	'엄마, 아빠가 헤어졌다고 해도 여전히 나에게는 엄마와 아빠라는 사실은 변하지 않아. 사람은 의견이 맞지 않으면 헤어질 수 있는 거야. 다만 가족이 해체되어 많이 속상할 뿐이야.' → 속상함
남편과 헤어졌다.	'이런 무책임하고 무능력한 인간을 선택하다니. 내가 미쳤지.' → 자기 비난	'그 사람을 선택한 건 바로 나였어. 그때 내 선택을 이끈 그 사람만의 매력이 분명히 있었어. 다만 살면서 희석되었을 뿐이야. 그리고 우리는 서로 맞지 않았던 거야.' → 씁쓸함, 후회

〈예시〉

상황

초등학교 3학년 때 학교에서 갑자기 열이 나고 몸살 기운이 심해져서 조퇴를 했다. 학교에서 집까지는 걸어 20분 걸리는 거리였다. 겨우 걸어서 집에 도착했을 때 나를 본 엄마의 한 마디가 아직도 잊히지 않는다.
"학교에서 집까지 걸어올 정도면 아픈 거 아니야. 다시 학교 갔다가 마치고 돌아와!"

생각과 감정	과거	현재
생각	· 엄마는 나를 사랑하지 않는다. · 엄마에게 나는 중요한 존재가 아니다. · 엄마는 나를 거짓말쟁이라고 믿는다.	· 엄마가 나를 사랑했는지 아닌지는 알 수 없다. · 엄마에게는 내가 그렇게 아파 보이지 않았을지도 모른다. · 나는 단지 엄마가 나를 안아주고, 많이 아프냐고 물어봐주기를 원했던 것 같다.
감정	수치심, 외로움	서운함, 속상함

상황

대학교 때 2년 동안 사귀었던 남자친구가 바람을 펴서 헤어졌다.

생각과 감정	과거	현재
생각	· 세상이 끝난 것 같다. · 나 자신이 너무 못나고 바보 같다. · 다시는 사람을 믿을 수가 없을 것만 같다.	· 연인으로서 존중받지 못했다. · 그는 나쁜 놈이다. · 나에게는 위로가 필요했다. · 나의 선택이 잘못되었을 뿐 내 존재 자체가 비난받을 이유는 없다.
감정	슬픔, 비참함, 초라함	(그를 향한) 분노

상황
엄마와 아빠는 이혼을 했다. 이혼 후 엄마는 술에 빠져 살았다. 중학교 시절 내내 엄마는 나를 붙잡고 '죽고 싶다'고 하소연했다. 하루에도 서너 번 그 말을 들을 때마다 미칠 것 같았다.

생각과 감정	과거	현재
생각	· 엄마가 정말 죽으면 나는 어떻게 살아갈까? · 엄마마저 나를 떠나면 이 세상에는 나만 남게 되는데, 혼자서는 살 수 없다. · 내가 엄마에게 뭔가를 해주기에는 너무 어리고 무력하다.	· 엄마는 어린 나에게 그런 말을 하면 안 되는 거였다. · 그때 그 시절에 어린 내가 감당하기에는 너무 버거운 일이었다. · '죽고 싶다'는 말이 곧 죽는다는 말은 아니다. 그저 힘들다는 하소연을 그렇게 극단적으로 표현했을 뿐이다. · 나에게는 아무런 잘못이 없다.
감정	슬픔, 두려움	(엄마에 대한) 화

엄마의
내면아이
연습장

생각과 감정 업데이트하기

상황		

생각과 감정	과거	현재
생각		
감정		

260

	상황	

생각과 감정	과거	현재
생각		
감정		

내면 관찰을 위한
최적의 도구, 감정 일지

　요즘은 문제 행동을 일삼는 아이 때문에 고민인 부모나 혹은 갈등이 심각한 부부가 출연하는 TV 프로그램이 많다. 이렇게 방송에 출연하는 경우 그 효과는 상당히 높다. 왜 그럴까? 이유는 의외로 간단하다. 자신들의 상황을 객관적으로 살펴보기 때문이다. 방송은 출연자의 동의하에 실제 가정 내에 관찰 카메라를 설치하고 그들의 일상을 기록한다. 그리고 이들은 문제의 현장으로부터 한발 벗어나 지극히 이성적인 상태에서 자신들의 일상을 바라본다. 이때 문제가 일어나는 현장 한가운데 있을 때는 미처 의식하지 못했던 것들이 눈에 들어온다. 자신의 행동뿐 아니라 주변에서 일어나는 미세한 움직임까지 감지할 수 있다. 상담 기법 중 하나로 직접 아이와의 대화를 녹음하거나 비디오로 찍을 때도 있다. 자신의 모습을 직접 듣고 보면서 상황을 좀 더 객관화할 수 있기 때문이다. 그렇다고 해서 이런 방법을 모든 가정에 적용할 수는 없는 노릇이다.

감정 일지는 우리가 겪는 상황을 좀 더 깊고 넓게 펼쳐볼 수 있는 작업이다. 마치 관찰 카메라에 찍힌 장면을 다음 날 보는 것과 유사하다. 일어나는 상황으로부터 거리를 두고 관찰할 수 있는 도구다. 감정의 악순환에 빠져들지 않고 자신의 내면세계를 들여다보고 통찰력을 키우는 데 더없이 좋은 방법이 바로 감정 일지 쓰기다.

변화는 오래된 패턴을 아는 데서 시작된다. 따라서 오랜 시간 우리 안에서 굳어진 핵심 감정과 핵심 신념을 아는 것은 중요하다. 하지만 지금 현재 일어나는 내적 현실을 제대로 이해하는 것도 그만큼 중요하다. 실시간으로 올라오는 우리 안의 생각과 감정 그리고 행동 패턴을 알아차리는 행위는 현실적 문제와 취약함이 무엇인지를 파악하는 일이다. 이를 제대로 이해하면 지금 내가 겪는 문제를 어디서부터 어떻게 풀어가야 할지를 명확히 할 수 있다.

사실 생각과 감정의 협조 없이는 양육에서 길을 잃기 쉽다. 단언컨대 감정 일지만큼 자신의 내적 현실을 이해하는 길은 없다. 내면 아이를 이해하고, 현재의 나를 제대로 파악하려면 감정 일지를 꾸준히 쓰기를 권한다. 다음은 감정 일지를 작성하는 방법이다.

상황 알아차리기

심리학자 앨리스 밀러는 "누구도 자신이 당하고 있는 일에 자각할 기회가 주어지지 않으면 그 행위를 되풀이하는 것밖에 달리 표현할 방법이 없다"라고 말했다. 한 연구에 따르면 인간이 의식적 상태에서 활동하는 시간은 하루 중 고작 5퍼센트에 불과하다고 한다. 나머지 시간에는 '저절로' 움직인다. 마치 음악에 맞춰 일정한 동작으로 춤을 추는 오르골 인형처럼 자동 반사적인 행동이 대부분이다. 경험하는 모든 순간을 알아차리고 기억하는 사람은 없다. 몸은 여기에 있지만, 의식은 다른 데 있을 때가 많다. 반면 열린 의식 상태에서는 자신뿐 아니라 주변을 제대로 직시하게 된다. 이렇게 의식하는 순간 우리에게는 선택의 여지가 주어진다.

상황을 알아차린다는 것은 일어나는 모든 순간을 깨어 있는 상태에서 경험한다는 의미다. 물론 우리에게 일어나는 모든 상황을 다 기억에 저장할 필요는 없다. 그것은 불가능한 일이다. 다만 우리를 부정적으로 몰고 가는 상황은 적어도 알아차릴 필요가 있다.

상황을 알아차리려면 일이 일어난 다음에 기록하는 게 중요하다. 기록할 때는 최대한 구체적이고 사실적으로 묘사한다. 주의할 점은 엄마는 자녀와의 관계에서 일어나는 일들을 평가와 판단 없이 있는 그대로 객관적인 시각으로 바라볼 수 있어야 한다. 일어난 상황을 그대로 머릿속 카메라로 찍는다고 상상하면 도움이 된다.

- 남편이 나를 무시한다.
→ 시댁 식구들 앞에서 나에게 '게으르다'라고 말한다.

- 가족이 나를 존중하지 않는다.
→ (가족 중) ○○은 내가 하는 말에 대답하지 않는다.

이렇게 상황을 최대한 구체적으로 작성하다 보면 부정적 감정에 방아쇠를 당기는 상대방의 행동을 명확하게 알아차릴 수 있다. '아! 저 행동은 나를 화나게 하는 행동이야'라는 걸 알아차리면, 적어도 즉각적이고 충동적으로 행동하는 것을 멈출 수 있다. 잠시 멈추는 틈새에 이성이 개입되면 비로소 바람직하고 현명한 선택이 가능하다.

감정 알아차리기

감정 일지는 감정이 휘몰아치는 순간에는 작성하기가 어렵다. 이때는 작성을 해봐야 의미가 없다. 감정 일지는 감정이 지나간 다음 차분해지면 그때 작성하는 편이 바람직하다. 감정이 휘몰아칠 때 해볼 만한 전략은 뒤에 소개했다(ABCC 감정 전략).

참고로 이성적인 뇌는 감정을 알아차리기가 어렵다. 감정을 '표현한다'라는 말에서도 알 수 있듯이 감정은 몸을 통해 전달된다. 구역질이 난다, 소름이 끼친다, 심장이 덜컹 내려앉았다, 식은땀이 줄줄 흐른다, 다리가 후들거린다 등은 모두 감정을 나타내는 신체감각이다. 따라서 감정을 알아차리기 위해서는 몸의 감각에 집중해야 한다. 감정이 지나간 다음, 몸의 감각을 최대한 구체적으로 떠올려보자. 자신이 무엇을 느끼는지 알아야 왜 그렇게 느끼는지를 알 수 있다.

생각 알아차리기

생각은 날개를 달고 있다. 순식간에 스쳐 지나간다. 우리가 낚아채서 들여다보지 않으면 알기가 어렵다. 그래서 순간 스치는 생각이라도 알아차리고 기록해두는 것이 좋다. 생각을 기록하다 보면 자신의 내면을 더욱 선명하고 객관적으로 살펴볼 수 있다.

앞서 핵심 신념을 어떻게 다루어야 하는지 살펴보았다. 언어는 개인의 경험을 겉으로 드러내주는 아주 중요한 수단이다. 말이나 글을 통해 전달되는 언어는 생각을 고스란히 반영한다. 그래서 일상에서 주로 사용하는 언어를 점검하는 것은 중요하다. 이를 흔히 '말습관'이라고 한다. 사람마다 무심결에 하는 말습관이 있다.

채윤 씨는 초등학교 3학년 딸 때문에 담임선생님으로부터 하루에도 여러 차례 전화를 받는다. "아니, 저는 웬만하면 '좋게 좋게' 말하는 데도 왜 이렇게 말을 안 들을까요?" 그녀는 유난히 '좋게'라는 말을 자주 사용한다. 한 번 사용할 때마다 여러 차례 반복해서 강조한다. 이 말의 이면에는 자신의 신념이 다 맞고 그 말을 듣지 않는 아이가 문제라는 그녀의 생각이 숨어 있다.

마치 주머니를 뒤집어 털듯이 우리의 생각을 털어내야 할 때가 있다. 나에게 별 도움이 되지 않거나 바람직하지 않은 생각들은 먼지처럼 털어내자. 제대로 된 검증을 거치지 않은 채 몸집을 불린 비합리적인 생각들은 우리의 행동뿐 아니라 감정까지도 조종하려고 든다. 알아차린다는 것은 선택의 기회가 주어진다는 뜻이다. 적어도 나를 힘들게 하는 상황과 감정 그리고 그에 따르는 내 생각들을 알아차리면 속절없이 휘둘리는 것만큼은 멈출 수 있다.

감정 일지 쓰기는 우리의 성장을 위한 연습이다. 가감 없이 감정 일지를 작성하다 보면 때로는 자신의 좋지 못한 모든 부분, 즉 수치스럽게 여겨서 숨겨놓았던 부분까지도 삐죽삐죽 드러난다. 그동안 애써 부인하고 외면해오던 나의 상처가 수면 위로 올라온다. 하지만 괜찮다. 그 또한 치유하는 과정이다. 그동안은 몸 안 깊숙이 자라오던 것이 드디어 몸 밖으로 드러나고 있다. 이제 우리가 할 일은 드러난 상처를 적절하게 치료하는 일이다.

엄마의
내면아이
연습장

감정 일지

아래의 감정 일지는 감정이 가라앉은 후 작성하기를 권합니다. 감정적 상황이 지나고 나면 최대한 구체적으로 떠올려보고 작성해봅니다.

날짜	2023년 5월 2일
감정을 불러일으킨 상황을 구체적으로 적어보세요.	중학교에 다니는 아들이 학교에서 온 지 1시간이 지났는데도 방에서 나오지 않는다. 방문을 살짝 열어서 확인해보니 교복을 입은 채로 침대에 누워서 휴대폰을 하고 있다. 오늘은 학원 수업이 없어서 집에서 공부하는 날이다.
그때 느낀 신체적 감각을 적어보세요.	가슴이 턱 막히는 느낌
그때 떠오른 생각을 기억나는 대로 적어보세요.	·쟤는 왜 이렇게 게으른 거지? ·중학생인데 저렇게 계획성이 없으면 어쩌자는 거지? ·아직도 공부를 알아서 하지 않으면 나중에 대학은 갈 수 있을까? ·어떻게 해야 이 아이의 행동이나 태도를 고치지? ·휴대폰을 덜 하도록 하는 방법은 없을까?
그때 나의 행동을 구체적으로 적어보세요.	"넌 하교한 지가 언젠데 아직도 그러고 있어? 공부는 안 할 거야?"라고 소리를 친다. 그리고 방문을 쾅 소리 나게 닫는다.
어떤 감정을 느꼈나요? 감정이 여러 가지라면 모두 적어보세요.	답답함, 짜증, 불안
그 순간 내가 원한 것은 무엇이었을까요?	아들이 알아서 부지런하게 자신의 할 일을 했으면 좋겠다.

날짜	
감정을 불러일으킨 상황을 구체적으로 적어보세요.	
그때 느낀 신체적 감각을 적어보세요.	
그때 떠오른 생각을 기억나는 대로 적어보세요.	
그때 나의 행동을 구체적으로 적어보세요.	
어떤 감정을 느꼈나요? 감정이 여러 가지라면 모두 적어보세요.	
그 순간 내가 원한 것은 무엇이었을까요?	

ABCC 감정 전략

감정적 홍수 상태일 때는 차분하게 감정 일지를 작성하기가 어렵습니다. 감정 일지는 감정이 가라앉은 다음 작성하는 것이 효과적입니다. 아래는 감정 일지를 작성하기 전 감정적 홍수 상태일 때 감정을 알아차리고 감정과 좀 더 친밀해지는 방법입니다. 아래의 단계만 기억하고 실천해봐도 우리 안에서 수시로 올라오는 감정에 좀 더 편안하게 대처할 수 있습니다. 이 전략은 가장 쉽고 간단하게 할 수 있는 방법입니다. 기억하기 쉽게 'ABCC 감정 전략'이라고 이름을 붙였습니다.

Aware 감정 알아차리기

우리 안에서 감정이 올라오는 순간, 그대로 충분히 느껴봅니다. 하던 일을 잠시 멈추고 가장 편안한 자세를 취합니다. 그리고 천천히 깊게 호흡하면서 몸의 감각을 그대로 따라가봅니다. 심장이 따끔거리는 느낌, 가슴이 꽉 조이는 느낌, 혹은 배가 슬금슬금 아픈 느낌이 올라올 수도 있습니다. 갑갑하거나 공허함이 몰려올 수도 있습니다. 감정이 우리 몸 어디에서 움직이는지 살펴보세요. 가슴 한가운데 있는지, 손발 끝에 몰려 있는지, 이마에 뭉쳐 있는지를 느껴보세요. 감정은 신체감각을 동반합니다. 몸 어디에서든 감정이 느껴지면 그대로 머물러서 호흡을 계속 유지합니다. 천천히 숨을 들이쉬고 내쉬면서 감정이 머물러 있는 신체 부위에 의식을 집중해봅니다. 그 신체 부위에 손을 얹고 호흡을 하면 더 효과적입니다. 자신의 몸 상태가 어떻게 변하는지 스스로 물어보세요. 자신의 신체감각과 일치하는 감정에 이름을 붙이고 그런 감각들을 진정시키는 방법들을 적극적으로 시도해봅니다.

Breathe 심호흡하기

나는 불안이 아닙니다. 다만 불안을 느낄 뿐입니다. 감정과 나를 분리하세요. 감정은 우리 몸 안에 있습니다. 감정으로부터 도망치지 않고 직면하기 위해서 우리는 우리 몸 안에 머물러야 합니다. 지금 여기서 우리 몸과 함께 하는 방법은 호흡입니다. 깊게 숨을 들이쉽니다. 숨이 우리의 세포 하나하나를 건드린다고 생각하세요. 천천히 숨을 내쉽니다. 들숨보다 날숨을 더 천천히 쉬도록 하세요. 편안해질 때까지 여러 차례 반복하세요. 마음속에서 무슨 일이 일어나는지 주시하되 판단하려고 하지 않습니다. 자신이 그 상황을 충분히 헤쳐 나갈 수 있다고 믿어야 합니다. '괜찮다'라고 스스로 말하세요.

Curiosity 감정에 호기심을 갖기

감정과 관련된 많은 기관과 영역은 뇌의 오른쪽에 위치합니다. 감정을 생각하고 감정에 이름을 붙이는 것은 모두 왼쪽 뇌의 기능입니다. 내면에서 일어나는 일을 의식적으로 생각하고 언어화하는 것은 오른쪽과 왼쪽을 이어주는 과정입니다. 감정을 누군가 알아주면 뇌 변연계가 활성화되어 '아하'의 경험을 하게 됩니다. 호기심을 가지고 스스로에게 물어보세요.

- 지금 내 몸에서는 무슨 일이 일어나고 있는 거지?
- 이 감정은 어디에서 시작되어 어디로 흘러가는 거지?
- 내가 감정에 대해 할 수 있는 게 뭘까?
- 감정에 이름을 붙인다면?

감정에 이름을 붙이고 나면 자신의 반응을 중립화하는 방법을 찾고 싶어집니다. 마치 병명을 진단받으면 제대로 된 치료를 받고자 하는 것과 같습니다.

Choose 바람직한 선택하기

감정과 자신을 분리하면 우리에게는 선택의 여지가 생깁니다. 감정이 전하는 메시지를 이해하고, 나에게 가장 바람직하고 좋은 선택을 하도록 최대한 노력하세요. 올바른 선택이 늘어날수록 삶은 윤택해집니다. 자존감은 결국 자신이 한 선택의 결과물입니다. 내면아이의 대처 전략에 끌려가는 게 아니라, 대신 의식적으로 선택하는 것이 중요합니다. 주체적이고 능동적으로 행동할 때 성숙한 어른의 삶이 가능해집니다.

5장

엄마의
내면아이
성장하기

나를
사랑하기로 선택하다

당신은 사랑받기 위해 태어난 사람

수년 전 모 교회에서 강의 의뢰를 받고 갔을 때였다. 강의를 시작하기에 앞서 인사를 하려고 하는데, 교회 예배당을 가득 채운 성도들이 팔을 펼치고 나를 향해 노래를 부르기 시작했다.

'당신은 사랑받기 위해 태어난 사람, 지금도 그 사랑 받고 있지요.'

예배당을 울리는 노랫소리가 내 가슴을 파고들었다. 순간 울컥 눈물이 났다. 벌써 10여 년이 지났지만, 여전히 그날 그 순간의 기억은 바로 어제 일처럼 생생하다. 어쩌면 태어나는 순간부터 늘 듣고 싶었던 말이라서가 아닐까?

우리는 사랑받기 위해 태어난 존재다. '모든 사람은 태어날 때부터 자유롭고 존엄하며 평등하다' 1948년 유엔총회에서 천명한 세계인권선언문의 내용 중 일부다. 우리나라 헌법 제10조에서도 '모든 국민은 인간으로서의 존엄과 가치를 가지며, 행복을 추구할 권리를 가진다'라고 명시하고 있다. 하지만 천부적으로 갖고 태어나는 이 권리를 가장 많이 해치는 사람이 아이러니하게도 바로 부모가 아닐까? 오랫동안 부모들을 만나오면서 느끼는 것 중 하나는 자녀의 성장을 오롯이 책임지는 부모가 실은 자녀의 성장을 가로막는 가장 위험한 인물이 될 수도 있다는 사실이다.

"첫째는 제가 딱 원하던 아이였는데, 둘째는 제가 원하는 애가 아니라서 사사건건 안 맞아서 너무 힘들어요."

집단 상담에서 한 엄마가 무심결에 한 말이다. 물론 엄마로서 '이런 아이가 태어났으면 좋겠다'라는 바람이야 가질 수 있다. 하지만 그런 마음은 바람에 그쳐야 한다. 우리 인간은 공장에서 원하는 형태로 찍어내는 공산품이 아니다. 엄마가 원하든 원하지 않든 우리는 모두 각자 나름대로 가치를 지닌 채 태어난다.

인간의 존엄성이란 인간이라는 이유만으로 그 존재 가치가 있으며, 그 인격은 존중받아야 한다는 의미다. 하지만 자기 잘못도 아닌데 태어나면서부터 존중받지 못하는 아이들이 있다. 아들이 아니라는 이유만으로 태어나면서 부모의 실망스러운 눈빛을 가장 먼저 접한다. 부모가 될 준비가 되지 않은 상태에서 찾아와서 천덕꾸러기가 된다. 신체에 장애가 있다는 이유로 충분히 환영받지 못한다. 이런저런 이유로 우리의 존재는 상처받았고 다른 무엇이 되기를 끊임없이 강요받아왔다. 그 과정에서 우리의 자율성과 독특성은 훼손되었고 알게 모르게 구멍이 생겼다. 어른이 된 지금 우리는 내면에서 결핍된 '영혼의 구멍'을 찾아 메워야 한다.

내면아이마다 상처는 다 다르다. 상처에 따라 발라야 하는 연고가 다르듯이 각자의 치유법도 달라야 한다. 충분히 사랑받지 못했다면 사랑이 필요하고, 자기를 솔직하게 드러내지 못했다면 이제는 자신을 있는 그대로 표현하고 주장할 수 있어야 한다. 혹시라도 지지와 격려 대신 질타와 핀잔을 퍼붓는 부모에게서 열등감만 키워왔는가? 그렇다면 이제는 스스로가 자신을 아낌없이 지지하고 지원해야 한다. 앞서 에릭슨의 심리 사회적 발달단계에서 살펴보았듯이 발달단계에 따라 인간의 심리 사회적 위기와 발달과제는 달라진다. 우리는 엄마의 기억 노트를 작성하면서 우리의 상처가 어디에 있는지를 살펴보았다.

내면아이의 치유는 몸에서 시작된다

우리 인간은 행동하는 존재다. 행동들이 쌓이고 쌓여서 우리 존재의 가치를 증명한다. 그런데 긍정적이고 적응적인 행동을 위해서는 몸의 긴밀한 협조가 꼭 필요하다. 몸은 우리가 지금 여기에 존재한다는 것을 증명해주는 지표다. 동시에 몸은 나의 모든 걸 담아내고 견뎌내는 그릇이다. 우리 몸은 우리에게 팔만대장경과 다름없다. 우리에게 필요한 것이 모두 몸 안에 기록되어 있다. 심지어 잃어버렸다고 여겼던 그것조차도 내 안에 고스란히 남아 있다.

생각은 과거와 미래로 자유자재로 옮겨 다닌다. 그리고 감정은 생각에 휘둘린다. 이처럼 생각과 감정은 변덕스럽고 혼란을 부추길 때가 종종 있다. 생각과 감정이 그럴싸한 가면을 쓴다면, 몸이야말로 우리 본래의 모습 그대로다. 우리는 잘 모르고 있지만, 몸은 매 순간 우리에게 말을 건다. 심장이 쿵쾅쿵쾅 뛴다거나 손발이 부들부들 떨린다거나 미간이 찌푸려지는 등의 몸의 감각이 바로 몸의 언어다. 몸은 우리 자신과 가장 긴밀하게 연결되어 있다. 몸이 보내는 안전 신호나 경고 신호를 신뢰하지 못하면, 자기 자신뿐 아니라 세상 전체가 편안하지 않다고 느낀다. 슬프게도 나이가 들수록, 그리고 의도하지 않지만 다른 사람들의 영향을 받으면서 우리는 우리 자신과 점점 멀어진다. 그렇게 서서히 우리의 직관과 단절된다. 말 그대로 육감이 흐려진다. 몸이 보내는 신호는 가장 본능적이고 직관적이다. 몸의 감각과 접촉한다는 것은 본능적으로 느끼는 걸 말한다.

영아기 부모가 아이의 요모조모를 살피듯이 우리는 자신의 몸을 살펴야 한다. 우리 몸의 욕구를 알아차리고 몸을 적절히 돌보는 법을 배우는 게 치유의 시작이다. 간단히 말해, 배고프면 음식을 섭취하고 졸리면 제때 잠자리에 들어야 한다. 어릴 때는 부모가 나를 살펴봐주었지만, 어른이 된 지금은 스스로 양육할 필요가 있다. 가끔 하던 일을 멈추고 나에게 질문해보자.

- 지금 내 몸이 어떻게 반응하는가?
- 지금 내 몸이 필요로 하는 것은 무엇인가?

건강한 발달은 신체적, 정서적, 심리적 욕구를 충족하는 과정이다. 이 중 신체적 욕구가 가장 우선이다.

내 몸을 위해 건네는 작은 선물

충분한 수면

숙면 중에 우리의 신체는 자체 회복에 들어간다. 깊이 잠든 시간에 우리 뇌는 바쁘게 일을 하는데, 이때 뇌세포는 재생된다. 많은 연구는 수면 부족이 우울증과 심장 및 혈관 질환, 심지어는 암과 비만, 알츠하이머 같은 신경질환을 유발한다고 경고한다. 한 연구에 의하면 6시간 미만으로 잠을 자는 45세 이상인 사람들은 그보다 더 많이 자는 사람보다 심장마비나 뇌졸중에 걸릴 확률이 200퍼센트나 높다고 한다. 6시간이라면 고작 하루의 4분의 1밖에 되지 않는다. 많은 시간 몸을 혹사했다면, 최소한 6시간 이상은 휴식을 취하는 것이 내 몸에 대한 최소한의 예의가 아닐까?

엄마의 부족한 수면은 신경을 날카롭게 만들고 정서적 불안정을 불러온다. 결과적으로 엄마의 수면은 엄마 자신의 신체 건강뿐 아니라 아이에게도 직접적인 영향을 미친다. 어린아이는 엄마의 정서로부터 자유롭기 어렵다. 따라서 좋은 엄마 역할을 하기 위해서 질 높은 수면은 필수다. 되도록 잠들기 전에 커피나 알코올 등의 섭취는 피하고, 차분하고 편안한 활동을 한다. 따뜻한 물로 목욕을 하고 TV 시청보다는 조용한 음악을 듣는 것도 수면에 도움이 된다. 수면의 질을 높이기 위해 무엇을 할 수 있을지 깊이 고민해보자.

그중 한 가지부터 실천하는 것이 중요하다. 오늘부터 10분이라도 더 깊고 편안한 숙면을 하겠다는 다짐이 필요하다.

식사

대부분 엄마는 아이에게 한 숟가락이라도 더 먹이려고 식탁에서 고군분투한다. 밥숟가락을 들고 아이의 꽁무니를 쫓아다니는 풍경도 흔하다. 이때 엄마는 기진맥진하여 정작 자신의 끼니는 거르거나 대충 때운다. 아이가 자라서도 상황은 크게 달라지지 않는다. 가족의 식사를 챙기느라 식탁 주변을 오가다 보면 마음 편하게 식사를 하기란 쉽지 않다. 사실 양육에는 정서적 에너지뿐 아니라 엄청난 신체적 에너지가 요구된다. 엄마가 신체적으로 건강할 때 아이를 돌보는 것도 가능하다. 가장 기본적인 식사부터 점검해보자. 나는 나를 위해 충분한 영양을 골고루 섭취하고 있는가?

장과 뇌는 서로 연결되어 있다. 따라서 매 식사를 통해서 충분한 영양을 공급하는 것만으로도 치유가 된다. 식품은 신체뿐만 아니라 정신적 건강에도 영향을 미친다. 끼니를 거르거나 불규칙적으로 식사를 한다면 내 몸을 돌보기 위한 노력이 필요하다. 가공식품과 몸에 좋지 않은 식품은 되도록 줄이고 식습관을 개선해나가는 것도 필요하다. 참고로 영양소가 듬뿍 든 음식뿐 아니라 요거트, 발효 유제품, 김치 같은 발효 식품도 자연 발생하는 프로바이오틱

스가 풍부해서 몸에 이롭다.

식사를 잘 챙기는 것도 중요하지만 적절한 방식의 단식도 건강 및 컨디션 유지에 도움이 된다. 요즘은 간헐적 단식을 실천하는 사람들이 늘고 있다. 일정 시간 동안 음식을 섭취하지 않음으로써 소화계에 휴식을 주는 것이 간헐적 단식이다. 간헐적 단식이 미주신경 긴장도를 개선해준다는 연구 결과도 있다. 단식은 소화계에 휴식을 줄 뿐 아니라 소화에 들어갈 에너지를 다른 곳에 사용할 수 있게 해준다.

호흡과 명상

깊은 호흡은 온몸 전체로 '안전하다'라는 메시지를 보내면서 교감신경계를 누그러뜨린다. 교감신경계가 누그러질 때 우리 몸은 안정감을 되찾는다. 사실 호흡법은 어렵지 않다. 매일 하루 한 번 의식적으로 호흡하는 시간을 갖는다. 잠에서 바로 깨거나 혹은 잠들기 직전에 하는 것이 가장 효과적이다. 특히 공복 상태에서 하는 게 좋다. 편안한 장소에서 앉거나 혹은 누워서 자신의 몸 감각에 집중한다. 코로 숨을 깊게 들이쉬고 천천히 내뱉는다. 숨을 들이쉴 때는 더는 들이마실 수 없을 때까지, 즉 배가 남산만큼 볼록해진다는 느낌으로 들이쉰다. 들이쉰 다음 2~3초 정도 잠시 호흡을 멈춘다. 그런 다음 힘을 빼고 천천히 숨을 내쉰다. 내쉴 때는 배가 등에

붙는다는 느낌으로 내쉰다. 숨을 들이쉴 때는 아드레날린이 뿜어져 나와 심장박동이 빨라진다. 숨을 내쉬면 부교감 신경계가 활성화되어 심장박동이 진정된다. 따라서 들이쉴 때보다 좀 더 천천히 내쉬는 게 긴장 이완에 더 효과적이다. 이 과정을 여러 차례 반복한다. 5분가량 하면 좋다. 하지만 처음 호흡법을 시작할 때는 5분이 5년보다 길게 느껴진다. 처음에는 1분 정도하는 것으로 시작하도록 한다. 하루에 한 번이라도 의식적으로 호흡에 집중하는 게 중요하다. 익숙해지면 점차 시간을 늘려서 최소 5분은 할 수 있도록 해본다.

호흡을 통해 신경계가 안정을 되찾으면 우리 몸도 덩달아 긴장이 이완되고 차분해진다. 특히 감정적으로 홍수 상태라면 호흡법이 가장 효과적이다. 곧바로 자신의 호흡에 집중해서 현재에 존재하면 감정을 나 자신과 분리하는 일이 가능해진다. 호흡은 적어도 그 순간 감정에 휩쓸려서 잘못된 행동으로 내닫는 것을 막아준다.

호흡할 때 의식적으로 감사한 일이나 사랑하는 사람을 떠올리면 그 효과는 배가 된다. 즉, 숨을 깊게 들이마실 때 사랑하는 사람의 얼굴을 떠올린다. 행복한 순간들을 떠올리면서 호흡을 하면 우리 몸은 훨씬 더 빨리 진정이 되고 신경계의 균형을 되찾는다. 또는 숨을 들이쉬면서 맑고 푸릇푸릇한 공기가 내 안으로 스며든다고 상상해도 좋다. 잠시 호흡을 멈출 때는 마치 물감이 번지듯이 공기가 몸속 세포 구석구석으로 파고든다고 상상해보자. 이렇게 호흡에 상상을 보태면 그 효과는 단순히 호흡만을 할 때보다 훨씬 더 좋다. 명상은 주의력을 단련시켜서 자율신경계 반응을 조절하게 도와준다. 실제 명상은 내측 전전두엽피질의 활성을 높이는 동시에 편도체의 활성을 감소시키는 것으로 밝혀졌다. 따라서 명상을 꾸준히 하면 정서적 뇌에 대한 통제력이 생긴다.

요가

요가는 자신의 내면에 귀를 기울이는 과정이다. 신체감각을 제대로 느끼고 해석하지 못하면 우리는 자신을 제대로 알 수가 없다. 실제 요가는 내측 전전두엽피질과 섬엽의 활성을 증가시키는 것으로 밝혀졌다. 이 두 영역은 뇌에서도 특히 자신과 가장 밀접하게 관련된 곳이다. 요가를 하는 동안만큼은 온몸의 근육 모두에 관심을 기울이면서 몸과의 친밀한 소통이 일어난다.

요가는 운동뿐 아니라 호흡 조절력을 결합해서 정신과 몸을 모두 단련시킨다. 요가를 해본 사람은 알지만, 요가는 하면 할수록 점차 어려운 동작이 늘어난다. 점점 더 어려워지는 요가 동작은 신체적 한계를 일깨우는 과정이다. 강도 높고 어려운 요가 자세를 취하면서 미주신경은 스트레스 반응을 스스로 통제하는 법을 자연스레 익힌다. 어려운 동작 후 몸을 이완시키는 과정에서 더욱더 평안하고 안정된 상태로 되돌아갈 수 있다. 군이 요가 학원을 가지 않더라도 유튜브 등을 통해 영상을 보면서 집에서 해보는 것도 괜찮다.

거창하게 요가까지 어렵다면 하루 5분이라도 스트레칭을 하는 것도 도움이 된다. 잠자리에서 일어나자마자 크게 기지개를 켜고 온몸 구석구석을 풀어준다는 생각으로 몇 가지 스트레칭 동작을 해보자. 나와 가장 친밀해지는 시간인 동시에 나를 돌보는 시간이다. 5분이면 충분하다.

사실 많은 엄마는 아이의 건강과 체력을 위해서 아낌없이 비용을 낸다. 태권도를 보내고 무용학원을 보내는 데는 그다지 큰 고민을 하지 않는다. 반면에 엄마 자신을 위한 투자에는 누구보다 짠순이가 된다. 운동을 다니고 싶어도 계산기를 두드리다가 포기한다. 사실 아이의 건강에 가장 큰 영향을 미치는 요인은 바로 엄마의 건강이다. 양육만큼 신체적 에너지를 요구하는 일은 없다. 신체가 건강해야만 심리적, 정서적인 건강을 기대해볼 수 있다. 하다못해 아이에게 공감해주는 때도 엄마의 신체적 에너지는 가장 중요한 자원으로 기능한다. 공감은 결국 아이의 말에 귀 기울이고 아이의 경험으로 들어가는 과정이다. 저조한 신체적 에너지는 경청을 방해하는 가장 큰 요소다. 몸이 아프고 피곤하면 듣는 것 자체가 어렵다. 좋은 엄마는 건강한 엄마라고 해도 틀린 말이 아니다.

감사 일기

매일 작성하는 감사 일기의 효과는 이미 입증되었다. 하루를 마무리할 때 그날 하루 있었던 감사한 일들을 떠올리고 간단하게 기록하면 된다. 감사 일기 쓰기를 안내하면 대부분 엄마는 뭔가 특별한 것들을 떠올리려 애를 쓴다. 선물을 받았다거나, 생각지도 않은 돈이 생겼다거나 혹은 아이의 성적이 올랐을 때 감사함을 느낀다고 말한다. 하지만 좀 더 열린 마음으로 주변을 둘러보면 일상의 모든 것들이 참으로 감사한 일투성이라는 사실을 알 수 있다. 지금 이 책을 읽고 있는 이 시간이 감사하지 않은가? 이 책을 읽고 있다는 것은 커다란 사건 사고가 없이 지극히 편안한 시간이 흘러가고 있다는 방증이다.

아이러니하게도 이 글을 쓰는 오늘 나는 3중 추돌사고를 당했다. 일산에서 인천으로 가던 길에 앞차가 급정거를 했다. 미처 손써볼 수도 없이 앞의 트럭에 쾅 소리가 나도록 부딪혔다. 그 트럭은 그 앞차가 급정거를 해서 급하게 차를 세웠고 그 급정거의 영향이 다시 내 차로 이어졌다. 내 차는 트럭 후미에 부딪히다 보니 보닛이 너덜너덜해질 정도로 차량 파손이 심했다. 사고가 난 순간은 충격으로 잠시 멍했지만, 곧바로 나는 마음속으로 '감사합니다'를 외쳤다. 다행히 사고가 난 도로는 고속도로로 빠져나가기 직전이었다. 만약 고속도로에서 같은 사고가 났다면 어땠을까? 이 생각이

스치는 순간 아찔했다. 사고 난 모든 차량의 운전자들은 모두 무사했다. 물론 차에는 크고 작은 흠집이 났지만, 사람이 다치지 않았으니 얼마나 감사하고 다행한 일인가? 오늘 나의 감사 일기에 기록될 내용이다.

감사 일기를 쓰다 보면 어느 순간 내 얼굴을 스치는 바람에도 감사함을 느낀다. 길가에 흐드러지게 핀 코스모스를 보면서도 울컥함이 올라온다. 때로 우두커니 서서 하늘을 올려다보는 것만으로도 감사함이 올라온다. 당신도 오늘부터 감사 일기를 써보기를 권한다. 거창한 양식은 필요 없다. 휴대폰의 메모나 다이어리 기능을 활용해도 좋다. 언제든 감사함이 떠오를 때 그 즉시 기록해도 좋고, 잠자리에 들기 전 하루를 마감하면서 기록해도 좋다. 자신에게 가장 편안한 방법을 찾아보자.

괜찮아! 그게 나야

가끔 소규모로 진행되는 부모교육에서는 간단한 활동을 해볼 때가 있다. 모두 의자 위로 올라가서 서고 한 사람은 아이 역할을 맡는다. '아이'가 된 사람은 의자 위의 '부모'들을 바라보며 이렇게 말한다. "나도 괜찮은 아이가 되고 싶어요." 이때 '부모'들은 나름대로 반응을 해준다. 안아주기도 하고, 눈 맞춤을 하며 고개를 끄덕여준다. 또는 "너는 정말 괜찮은 아이야!"라고 따뜻하게 말한다. 이 활동을 하면 열에 아홉은 눈물을 흘린다.

우리는 너무 많은 시간 지적만을 받으며 살아왔다. 잘한 것보다는 잘못한 부분에 대해서만 피드백을 받아왔다. 듣고 싶었던 말보다는 듣고 싶지 않은 말들에 치이면서 그렇게 오랜 시간을 견뎌왔다. 누군가로부터 주먹이 날아오면 우리의 몸에 상처가 생긴다. 그러나 존재에 대한 비난이 가슴에 꽂히면 마음에 생채기가 난다. 마음 안의 상처는 감정과 욕구가 제대로 충족되지 않았을 때 생긴다. 상처를 치유한다는 것은 다름 아닌 자신의 감정과 욕구를 돌보는 일이다. 감정을 확인하고 인정해주는 일이 필요하다. 어린 시절 상처받는 그 순간에는 아무도 나를 돌봐주지 않았다. 때로는 부모가 우리에게 상처를 준 당사자이기도 했다. 내가 얼마나 서러웠는지, 두려웠는지를 알아주지 않았다. 세상은 온통 막막하고 어두운 터널과 같았다.

어린 시절 상처에 대한 책임은 당연히 나에게 상처를 준 어른에게 있다. 하지만 어른이 된 지금까지도 그 상처로 인해 여전히 고통을 받고 있다면 상처에 대한 절반의 책임은 나에게도 있다. 어릴 때는 고통을 참는 것 외에는 달리 할 수 있는 게 없었다. 하지만 이제는 자신의 상처를 스스로 돌볼 수 있다. 나의 상처를 밖으로 표현하면 상처를 치유할 수 있다. 상처를 입 밖으로 뱉어내는 순간 기적처럼 상처가 쪼그라들거나 사라지는 걸 경험할 수 있다.

자신의 상처를 겉으로 드러내고 공감받는 게 좋다. 전화번호부를 뒤져서라도 누군가 나의 이야기를 귀담아들어줄 만한 대상을 물색해보자. 다만 그 사람은 수치심이 내재화되지 않은 이여야 한다. 당신이 온전히 믿고 의지할 만한 대상이어야만 한다. 어떤 경우라도 내 편이 되어 나를 지지해줄 사람이어야 한다. 만일 그럴 만한 사람이 도무지 생각나지 않는다고 해도 실망하기에는 이르다. 이 세상에서 나의 편에서 나의 이야기를 끝까지 들어줄 대상이 바로 곁에 있기 때문이다. 그건 바로 나 자신이다. 우리는 자기 자신에게 깊은 상처를 말할 수 있어야 한다. 문제는 감정을 말로 표현하기란 쉽지 않다는 점이다. 언어가 발전해온 이유는 주로 바깥에 나와 있는 무언가를 남들과 공유하기 위해서다. 우리 내면의 상태를 이야기하기 위해서 생겨난 도구가 아니다 보니 말로 감정을 표현하는 일은 어려울 수밖에 없다. 뇌 과학의 관점에서 봐도 우리 자신과 관련된 영역인 내측 전전두엽피질과 말하는 것과 관련된 브로카 영역은 아주 멀리 떨어져 있다.

말로 표현하는 게 어렵다면 글로 쓰는 것도 좋다. 글을 쓰다 보면 자기 생각이 더 잘 드러나는 것은 물론이고 수치스러웠던 경험이 뚜렷하게 구체화된다. 말로든 글로든 우리는 우리 안의 상처를 정확히 이해하고 표현해야 한다. 겉으로 드러내지 않고 치유할 방법은 없다. 내 이야기를 들어줄 사람이 도무지 떠오르지 않는다면, 지금 바로 펜을 들어보자.

글쓰기 치유

자신에게 가장 많은 학대를 가하고 정서적 폭력을 가하는 것은 바로 우리 자신입니다. 자신과 화해하고 잘 지내기 위해서는 먼저 자신의 말에 귀 기울여야 합니다. 감정의 무게가 무겁다 느껴질 때 누군가 함께 들어주면 그 무게는 상당히 가벼워집니다. 누군가 내 이야기에 귀 기울여주고 내 감정을 괜찮다고 말해주는 것만으로도 위안이 되고 위로가 됩니다. 그러나 때로 다른 사람에게 털어놓기 어려운 감정도 있기 마련이지요. 또는 나의 의도와는 다르게 감정이 날개를 달고 엉뚱한 곳으로 날아가서 상처받기도 합니다.

글쓰기만큼 안전하게 자신의 감정을 처리하는 방법은 없습니다. 정해진 기준과 규칙 없이 그저 펜이 가는 대로 써 내려가는 방법입니다. 내 안의 감정을 털어내듯이 생각나는 대로, 느껴지는 대로 편안히 적습니다. 시작해서 끝날 때까지 펜을 종이에서 떼지 않고 의식의 흐름에 맡겨두세요.

감정적 상처를 어딘가에 풀어놓는 자체만으로도 후련함을 넘어 치유를 경험할 수 있습니다. 글쓰기 치료의 효과는 이미 과학적으로도 입증되었습니다. 예를 들어 유태인 포로수용소에서 살아온 사람들과 해고된 사람들, 심지어는 신체적인 고통을 겪는 사람에 이르기까지 자신의 감정적 고통을 깊이 있고 진솔하게 글로 써보도록 했을 때 이들은 모두 상처로부터 일찍 회복되었지요. 글쓰기만큼 안전하고 경제적이면서 효과까지 입증된 치유 방법은 없습니다.

 글쓰기를 하는 이유는 지금까지 피하려고 했던 것이 무엇인지 깨닫기 위
함입니다. 글을 쓰는 행위 자체만으로 우리는 우리 자신에게 한발 더 가까
이 다가갈 수 있습니다.

자유롭게 나를
표현하고 주장하다

친구 옷을 보고 너무 예뻐서 똑같은 옷을 사서 입었어요. 그런
데 뭔지 모르게 나와는 겉도는 느낌이 들어서 금방 후회했지요.

다른 사람이 입은 모습이 예뻐 보여서 자신에게 어울리지도 않
는 옷을 입는다. 옷이 나의 몸과 따로 노는 것 같아 신경 쓰이고 불
편하다. 큰맘 먹고 거금을 들여서 샀는데 몇 번 입지도 못하고 버
릴 판이다. 누구에게나 맞는 옷이 있다. 나에게 딱 맞고 잘 어울리
는 옷을 찾는 일은 조금만 노력을 기울이면 가능하다. 그런데 나에
게 딱 맞는 인생은 어떤가? 우리는 나에게 가장 알맞은 삶을 살아

가고 있을까? 다른 사람이 하는 일이 근사해 보여서 무턱대고 그 일을 따라 하고 있지는 않은가? 다른 사람이 행복해 보여서 나도 모르게 그의 삶을 흉내 내며 애쓰고 있지는 않은가? 옷이야 마음에 들지 않으면 교환이나 반품이 가능하다. 하지만 우리의 인생은 그렇지 못하다. 가끔 컴퓨터 기능 중에서 되돌리기 기능이 우리 삶에도 있다면 얼마나 좋을까 하는 상상을 하곤 한다.

당신은 원하는 대로 잘 살아가고 있는가? 결과적으로 지금 행복한가? 우리는 매 순간 선택의 기로에 선다. 각자에게 가장 유리한 것을 선택해가는 게 곧 자존감 있는 삶이다. 자신에게 좋은 선택을 많이 할수록 삶은 더욱 다채롭고 풍성해진다. 그렇다면 무엇이 나에게 가장 유리한 것일까? 나에게 가장 알맞고 적합한 것은 뭘까? 자신에게 가장 바람직한 선택을 하기 위해서는 자기 안에서 올라오는 내적 신호에 귀 기울여야 한다.

나다운 게 도대체 뭔데?

흔한 드라마 대사가 있다. "너답지 않게 왜 이래?" 그러면 상대방은 맞받아친다. "나다운 게 도대체 뭔데?" 나만 빼고 다 아는 '나다움'은 나가 아니다. 우리는 잃어버린 진정한 나를 찾아야 한다.

인간은 유아기가 되어서야 비로소 다른 사람들이 자신과 다르게 느끼고 생각한다는 것을 깨닫는다. 이 과정에서 자신의 욕구를 알아차린다. 자율적인 인간이 되기 위해서는 이 시기에 자신이 원하는 바를 적절하게 주장하고 표현할 수 있어야 한다. 이때 지나친 제재와 통제를 받으면 이후 어른이 되어서도 자기표현과 자기주장이 어렵다.

가족 치료사 버지니아 새티어Virginia Satir는 인간의 다섯 가지 기본적인 자유를 이야기했다. 지각하고, 느끼고, 생각하고, 원하고, 상상하는 자유가 그것들이다. 우리의 자율성은 이 기본적인 욕구에 뿌리를 둔다. 아래는 부모가 아이에게 흔하게 하는 말들이다.

- 지각할 수 있는 자유 → "제대로 알지도 못하면서 조용히 해."

- 느낄 수 있는 자유 → "무섭긴 뭐가 무섭다고 야단이야!"

- 생각할 수 있는 자유 → "생각하는 꼴 하고는. 넌 대체 생각이 있는 거니? 없는 거니? 토 달지 말고 시키는 대로 고분고분하면 안 되냐?"

- 원할 수 있는 자유 → "넌 너만 아니? 왜 이렇게 이기적이야?"

- 상상하는 자유 → "말도 안 되는 소리 좀 그만해라. 딴생각 좀 하지 마."

중국 전통사회를 붕괴시킨 세 가지 악습 가운데 하나로 지목되는 풍습 중에 전족이 있다. 전족은 10~13센티미터 정도의 발이 가장 예쁘다고 여겨 발이 크는 것을 인위적으로 통제하는 풍습이다. 즉, 여자아이의 발을 단단한 천으로 조여서 발이 더 자라지 못하도록 한다. 고작 10센티미터 조금 넘는 발로 제대로 걷기란 매우 힘든 일이다. 하지만 보행의 어려움보다 더 큰 문제는 전족이 여성을 정적이고 수동적인 존재로 만들어버린다는 사실이다. 물론 우리는 아이의 발을 묶지는 않는다. 하지만 부지불식간에 아이의 마음을 자라지 못하도록 꽁꽁 묶어버리는 실수를 범한다. 앞의 말들은 아이의 욕구를 옥죄는 엄마의 말이다.

　낙숫물이 바위를 뚫는다는 말이 있다. 매일 반복되는 부모의 이런 말들은 아이의 마음이 자유롭게 자라는 것을 방해한다. 유아기에 아이는 자율성이 훼손되지 않고 외부로부터 주어지는 제재와 통제에 적응해야 한다. 그런데 스스로 행동하려는 아이의 자유가 침해될 때 성장에 문제가 생긴다. 제대로 자라지 못할 때 겪는 심리적 상처는 상상하는 것 이상이다. 하지만 어린아이는 자신의 상처를 드러내는 것조차 자유롭지 않다.

자기를 표현한다는 것

미래 씨는 어린 시절 엄마의 이해할 수 없는 행동 때문에 혼란스러웠다. 그녀가 다섯 살이나 여섯 살쯤 되었을 때부터였다. 엄마와 손을 잡고 외출했다가도 아는 사람을 만나면 엄마는 반사적으로 어린 미래를 낚아채서 엄마 등 뒤로 감췄다. 누군가 그녀를 아는 척이라도 하면 "얘는 수줍어서 말을 잘못해요. 부끄러움이 많은 아이예요"라고 대답했다. 그때마다 그녀는 엄마 등 뒤에 바싹 붙어서 생각했다. '나는 말을 잘하는데 우리 엄마는 왜 그러지?' 미래 씨는 말하는 걸 좋아하고 성격도 활발한 편이었지만, 이후 서서히 '엄마의 뜻'에 따라 자신을 맞춰갔다. 돌이켜보면, 그녀는 단 한 번도 자신의 마음을 속 시원하게 털어놓은 적이 없다. 힘들고 속상한 일이 있어도 늘 삭혔다. 어른이 된 지금도 그녀는 엄마의 행동을 이해하지 못한다. 다만 자기 존재가 다른 사람들에게 보여주기에는 창피하고 부끄럽다고 생각할 뿐이다. 자라면서 그녀의 활발한 성향뿐 아니라 자존감마저도 점점 쪼그라들었다.

존 브래드 쇼는 우리를 고통스럽게 하는 것은 괴롭게 한 사건이 아니라 이를 표현할 수 없음이라고 말했다. 우리는 누구나 성장 과정에서 고통받을 수 있다. 다만 그 고통을 표현할 수 있어야 한다. 자신이 얼마나 아픈지, 무엇이 힘든지, 원하는 게 뭔지를 자유롭게 피력할 수 있어야 한다. 그러려면 자신의 욕구를 적절하게 드러내도 괜찮다는 메시지가 절대적으로 필요하다. 그렇게 우리의 욕구를 충족해가는 방법을 배워야만 한다. 게다가 아이는 자신들의 고통을 확인받는 기회가 필요하다. 비록 학대를 당한다 해도 옆에 누군가가 있어서 아이의 상한 마음을 알아주고 얽힌 감정을 풀어가도록 도와주면, 적어도 그 아이는 수치심에 마음이 묶이지 않는다.

하지만 수치심으로 가득 찬 부모들은 은연중에 아이들을 조정하려 든다. 아이들에게 수치심을 던져주어 아이가 스스로 숨도록 만든다. 자신의 욕구와 감정을 세상에 표현하는 일이 위험하다고 느끼도록 만든다. 그리고 적절하게 자신의 의지를 주장하는 것을 훼방 놓는다. 아이들은 그렇게 자신의 욕구와 감정 그리고 동기 등을 자기 존재로부터 떼어내버린다. 궁극에는 자기 자신으로부터 분리된다. 어른이 되어서도 자신이 어떤 사람인지, 무엇을 원하는지 그리고 자신을 위해 무엇을 해야 하는지조차 모른다. 시간이 지날수록 주의 초점이 자기 내부가 아니라 외부를 향한다. 어느 순간 자신의 욕구 따위는 내팽개치고 다른 사람의 욕구와 요구에 모든 에너지를 쏟아붓는다.

건강한 관계는 조종하는 관계가 아닌 서로 책임지는 관계다. 우리가 자기를 표현하고 주장하는 것은 자신의 요구를 들어주기 위해서다. 우리는 자기주장을 통해 원하는 바를 얻는 방법을 배운다.

엄마는 괜찮지 않아!

마트를 가서도 엄마가 먹고 싶은 것보다는 아이들이 좋아하는 것, 남편이 좋아하는 걸 먼저 고르지는 않는가? 식사 때도 뒤치다꺼리를 하느라 제대로 앉아보지도 못하고 가족들이 다 먹고 난 뒤에 허겁지겁 식사하지 않는가? 입버릇처럼 '엄마는 괜찮아'라고 말하지 않는가? 이제는 괜찮지 않다는 것을 인정해야 할 때다. 엄마도 욕구가 있음을 솔직하게 고백하자.

막상 내가 원하는 걸 하려니 뭘 원하는지를 모르겠다고 하소연하는 엄마들이 있다. 자신과의 연결이 끊어진 지 오래다 보니 내면에서 속삭이는 소리가 들리지 않는다. 그렇다면 하루에 딱 한 가지부터 시작해보자. 가장 기본적인 것에서부터 출발해보자. 자신이 원하는 것과 하고 싶은 것들을 생각나는 대로 작성해보자. 만약 자기 자신으로부터 너무 멀리 떠나왔다면 자신이 원하는 것조차 찾기가 쉽지 않다. 빈 종이 한 장을 펼쳐두고 생각나는 대로 채워보기를 권한다. 때로는 황당하고 말이 안 되는 것이라도 상관없다. 너무 거창할 필요도 없다. 내 안의 눌린 욕구를 꺼내주는 것만으로 이미 충분하다. 이 종이를 항상 가까이 두고 생각날 때마다 채워가면 좋다.

- 아무도 없는 집에서 온종일 뒹굴면서 아무것도 하지 않기
- 삼시 세끼 다른 사람이 차려주는 밥상 받아보기
- 첫눈 내릴 때 친구와 영화보기
- 햇살 좋은 날 분위기 좋은 카페에서 커피 마시기
- 바닷가 바로 앞 카페에서 멍 때리기
- 혼자 1박 2일 여행하기
- 명품 가방 구입하기

미움받을 용기

자기를 표현하고 주장하는 것만큼 중요한 건 상대방의 요구에 'NO'라고 말하는 일이다. 자신이 들어줄 수 없는 부분에 대해서는 적절하게 선을 그어야 한다. 하지만 유아기 단계에 고착되어 있다면 거절하거나 거부하는 행동이 어렵다. 다른 사람의 부탁을 들어주어야만 자신이 괜찮다는 공식이 내면에 이미 만들어졌기 때문이다. 이들은 상대방이 상처 입을까 봐 걱정되어 거절을 못하는 게 아니다. 거절에 따르는 불편함을 스스로 견딜 만한 힘이 없기 때문에 그렇다. 이들은 그래서 이타적이면서 동시에 이기적인 사람들이다.

서른 살이 넘고 마흔 살이 넘었지만, 남편의 요구에 자신을 맞춰

가는 엄마들이 있다. 남편이 좋아하는 머리 스타일을 하느라 정작한 번도 커트를 해보지 못한 엄마, 살찐 여자는 혐오한다는 남편의 말에 일평생 다이어트의 굴레에서 벗어나지 못하는 엄마, 심지어 남편의 속옷까지 다림질해야 직성이 풀리는 엄마까지, 손에 꼽을 수 없을 정도로 많다. 이들은 마치 엄마 말에 고분고분하게 순종하는 어린아이와 같다. 이들의 공통점은 'NO'라는 말이 목구멍 바로 아래까지 차올라도 차마 토해내지 못한다는 점이다. 이들은 어린 시절 거절의 표현을 해본 적이 없다. 이들의 부모는 아이의 의사를 존중하지 않았을 뿐 아니라 아이가 자신들과 다른 욕구와 감정을 가졌다는 사실조차 인정하지 않았다.

최근에 만난 인애 씨는 가정생활에서의 어려움을 호소했다. 그녀는 결혼 이후 줄곧 맞벌이를 했다. 오히려 그녀가 남편보다 더 많이 벌고 있다. 부인의 월급이 더 많다는 사실을 안 남편은 어느 순간부터 생활비를 보태지 않기 시작했다. 아이를 낳고 양육하는 과정에서도 남편은 아무런 지원을 하지 않았다. 심지어 딸이 대학을 들어가는데도 모든 학비와 교재비 일체는 모두 그녀의 몫이었다. 그녀는 뭔가 잘못되었음을 직감하면서도 남편에게 자신이 느낀 부당함을 말하는 것이 너무 어려웠다. 얼마 전 친정어머니가 큰 수술을 하는 바람에 거액의 돈이 들었다. 한 달 생활이 빠듯했지만, 여전히 남편은 모르는 척했다. 그녀는 20년이 넘는 동안 싫은 말을 하기 싫어서 여기까지 왔다고 한숨을 내뱉는다.

커튼 밑자락에는 쇠로 만든 추가 달려 있다. 커튼이 이리저리 흔들리지 않고 형태가 바로잡힌 채 있으려면 추는 꼭 필요하다. 우리 내면에도 이런 추가 필요하다. 우리를 가장 우리답게 하면서도 무너지지 않도록 해주는 것은 바로 'NO'라고 말할 수 있는 권리다. 'NO'라는 이 한마디는 우리를 지탱해주는 최소한의 장치다. 엄마가 'NO'를 못 한다면 아이 또한 힘들 수밖에 없다.

우리의 욕구를 충족시켜줄 사람은 우리 자신이라는 사실을 잊어서는 안 된다. 우리 자신만이 우리의 욕구를 진정으로 알고 이해하는 유일한 사람이기 때문이다. 다른 사람들이 그들 자신의 욕구를 충족시키기 위해 노력하는 것은 지극히 정당하다. 그래서 사람들 간의 욕구는 서로 갈등을 일으킬 수밖에 없다는 점도 받아들여야 한다. '미움받을 용기'라는 말이 있다. 나의 거절로 상대방이 상처받았다면 그것은 상대방이 감당해야 할 몫이다. 우리는 타인의 행동이나 감정에 어떠한 영향력과 책임도 없다. 우리는 우리가 할 수 있는 선에서 최선을 다해야 한다. 사람마다 욕구와 동기는 다르다. 서로 간의 차이를 이해하면 자연스레 행동의 동기를 살피게 된다. 상대방의 동기를 알면 자신과 다른 가치와 기대를 지닌 사람들과도 건강한 관계를 맺고 잘 지낼 수 있다.

서로의 감정과 생각은 존중받아야 한다

앞서 우리는 감정 일지를 작성하는 법을 배웠다. 지금까지 꾸준히 감정 일지를 작성하고 있으리라 믿는다. 감정 일지에서 우리는 아래의 내용을 관찰하고 작성해왔다.

- 구체적인 상황
- 그때 떠오르는 생각
- 그때 느낀 감정

구체적인 상황

일어나는 상황에 판단이나 평가를 한 톨도 보태지 않고 그저 사진 찍듯 있는 그대로 살펴본다. 나에게 일어나는 상황을 객관적인 시각에서 바라보는 연습이다. 이 과정에서 우리는 정확히 상대방의 어떤 행동이나 태도가 나를 힘들게 하는지를 알아차릴 수 있다.

아이의 똑같은 행동에도 엄마의 감정이 전혀 다르게 반응할 때가 있다. 아영 씨는 초등학교 5학년 딸이 있다. 요즘은 사춘기 문턱에 서 있는 딸과 언쟁을 벌이느라 매일 진을 뺀다. 그런데 이상하다. 딸이 엄마의 부당함을 이야기하거나 사사건건 따질 때 어떤 때는 그러려니 하고 넘어간다. 반면 어떤 날은 못 참고 폭발한다. 그럴 때면 '갱년기라서 감정 기복이 심해진 거야'라고 위안을 하지만 찜찜한 마음이 든다. 아영 씨는 감정 일지를 작성하기 시작하면서 상황을 좀 더 가까이에서 자세히 보기 시작했다. 어느 날 그녀는 자신의 분노에 방아쇠를 당기는 것이 딸의 말이 아니라 바로 눈빛이라는 사실을 깨달았다. 간혹 자신을 노려보는 딸의 눈빛에서 그녀는 어린 시절 엄마의 눈빛을 본다. 아영 씨의 마음을 날카롭게 할퀴는 것은 바로 자신을 그토록 무시하고 밀어내던 그 차가운 눈빛이었다.

감정과 생각

우리가 경험하는 모든 장면에는 보이지 않는 감정들과 생각들의 충돌이 있다. 감정과 생각이 일치하지 않아서 서로 부딪히고 깨지고 찌그러진다. 아래의 상황을 살펴보자.

상황

아홉 살 언니와 여덟 살 동생이 인형을 가지고 다툼을 벌인다. 서로 자기 것이라고 우기며 인형의 팔다리를 잡고 놓지 않는 상황이다. 이때 엄마가 등장하고 엄마는 인형을 홱 낚아채 싱크대 높은 곳에 넣어버린다. 그리고 "너희 그렇게 싸우려면 둘다 갖고 놀지 마!!"라고 차갑게 말한다.

엄마
감정: 짜증, 답답함, 자괴감
생각: '두 아이가 사이좋게 잘 지냈으면 좋겠다. 날마다 싸우는
　　　아이들을 볼 때마다 엄마로서 제대로 역할을 못 하는 것
　　　같아 자괴감이 들고 답답하다.'

언니
감정: 화, 분노
생각: '쳇! 엄마는 뭐든 엄마 마음대로야.'

동생
감정: 슬픔, 서러움
생각: '엄만 내 마음을 몰라도 너무 몰라. 엄마가 내 편을 들어
　　　줬으면 좋겠어.'

　많은 엄마는 이런 상황에서 형제자매간의 화해를 종용하기도 한
다. 그래서 무작정 서로 악수를 하고 사과를 하도록 한다거나 심지
어 끌어안도록 한다. 이런 대응은 감정을 무시하는 것도 문제지만,
억지로 감정을 버무려서 처리한다는 점에서 위험하다. 감정은 김
장처럼 함께 버무려지지 않는다. 오히려 샐러드에 가깝다고 봐야
한다. 누구의 감정도 뭉그러지지 않고 감정 그 자체로 존중받을 때

관계는 건강하다.

같은 상황이라도 누군가는 화가 날 수 있지만, 누군가는 슬플 수도 있다. 감정은 우리의 욕구를 반영한다. 상황에 따른 나의 감정은 나의 욕구와 맞닿아 있다. 감정을 따라가다 보면 그 끝에 궁극적으로 자신이 바라는 점이 있다.

앞서 예시로 든 상황에서 언니의 욕구는 뭘까? 언니는 자유와 통제에 대한 욕구가 강하다. 엄마가 강압적으로 인형을 빼앗아 든 순간 화가 폭발한다. 하지만 동생은 애정에 대한 욕구가 훨씬 더 강하다. 자신이 얼마나 억울하고 답답한지를 들어주기를 바란다. 그렇다면 엄마의 욕구는 뭘까? 엄마는 두 아이가 사랑하면서 평화롭게 지내기를 바란다. 이처럼 각자의 감정과 욕구를 이해한다면 소통은 원활해진다.

감정과 생각은 짝꿍이다. 이 둘은 단짝처럼 붙어 다닌다. 감정을 들춰보면 생각이 엿보이고, 생각을 열어보면 감정이 숨어 있다. 따라서 나의 욕구를 엉뚱한 곳에서 찾지 말아야 한다. 모든 건 내 안에 있다. 나는 '보물 창고'다. 필요한 건 뭐든 내 안에서 꺼낼 수 있다. 내 안에서 나의 감정을 꺼내듯이 상대방의 감정은 상대방에서 찾아야 한다. 그래서 묻고 들어야 한다. 이것이 바로 소통이다.

내 얘기 좀 들어볼래?

사람 간에 관계가 힘든 이유 중 하나는 소통의 문제 때문이다. 소통의 중심에는 언어가 아니라 감정과 욕구가 있다. 말을 아무리 유창하게 한들 그 안에 숨은 욕구를 이해하지 못한다면 수박 겉핥기에 지나지 않는다. 속빈 강정처럼 공허한 말들만 오고 갈 뿐이다.

은정 씨는 시누이와의 갈등이 첨예하다. 시누이는 고집도 세지만 뭐든 자기식대로 해석하고 오해한다. 게다가 사사건건 그녀의 가정사에 참견한다. 그녀의 남편은 부인과 누나 사이에서 등 터진 새우처럼 이러지도 저러지도 못한다. 그녀의 남편이 가장 많이 하는 말은 "내가 미안해!"이다. 이 말이 은정 씨의 속을 뒤집는다. "도대체 뭐가 미안한지 말해봐!!" 어느새 감정의 화살은 남편에게로 방향을 튼다.

소통이란 서로의 마음에 가닿는 일이다. 은정 씨의 경우 남편이 그녀가 얼마나 답답하고 힘든지를 알아주는 것이 중요하다. "당신 많이 힘들지? 누나가 당신 마음을 알아주지 않는 것 같아서 많이 답답하고 속이 터질 거야." 은정 씨에게는 이런 말이 필요하다. 더 나아가 남편 또한 자기 안의 욕구를 들여다보고 표현할 수 있어야 한다. 어른이 된 지금까지도 왜 누나의 말에 전전긍긍하면서 제대로 대응을 못 하는지를 이해해야 한다. 그리고 자신의 솔직한 마음을 아내에게 전달해야 한다. "사실 나도 당신과 누나가 싸울 때마다 도무지 어떻게 중재해야 할지 잘 모르겠어. 그럴 때마다 정말 난감하고 혼란스러워. 누나한테 말을 하려니 무섭고, 당신한테 참으라고만 하려니 미안하고 그래. 내가 어떻게 하면 당신의 마음이 조금이라도 위로가 될까?"

은정 씨 남편처럼 많은 엄마가 자신의 감정조차 모르겠다고 하소연한다. 감정 앞에만 서면 왠지 위축된다. 하물며 아이의 감정을 수용하기란 더 어렵다. 성장 과정에서는 언어만 발달하지 않는다. 욕구를 이해하는 능력도 함께 자란다. 자기 안의 욕구를 이해하고 표현하는 방법을 배우는 시기가 바로 유아기다.

다른 사람의 이야기에는 아랑곳하지 않고 자기 고집만 줄기차게 내세우는 태도는 여전히 유아기에 머물러 있다는 방증이다. 이들은 덩치만 키운 덜 자란 어른에 불과하다. 이와는 반대로 자기 의지는 서랍 속 깊은 곳에 처박아두고 다른 사람의 감정과 욕구에만 온 신경을 집중하는 것도 자신을 상처 입힌다. 내가 나를 표현하지 않으면 아무도 나를 이해해주지 않는다. 나의 내면을 가장 잘 이해하는 사람은 바로 나 자신이라는 사실을 잊어서는 안 된다. 따라서 우리는 자신을 잘 표현하는 법을 배워야 한다. 자신을 솔직하게 보여줄 때 비로소 자신이 원하는 것을 얻을 수 있다. 우리 자신이야말로 욕구를 충족시킬 수 있는 가장 적임자다.

어떻게 자기를 표현하고 주장해야 할지를 모르겠다면, 감정 일지를 펼쳐놓고 아래의 순서대로 연습해보자. 상대방에게 말을 하기에 앞서 여러 번 연습해보는 것이 좋다.

상황 → 감정 → 욕구

엄마

"너희 둘이 장난감을 두고 다투는 걸 볼 때마다(상황) 엄마는 답답하고 자괴감이 들어(감정). 엄마는 너희 둘이 사이좋게 서로를 이해하고 배려했으면 좋겠어(욕구)."

언니

"엄마가 우리 이야기는 들어보지도 않고 장난감을 빼앗아서 마음대로 높은 곳에 올려두었을 때(상황) 난 정말 화가 났어(감정). 나는 엄마가 이럴 때는 우리 각자의 이야기를 들어주고, 가장 좋은 해결 방법을 찾아주었으면 좋겠어(욕구)."

동생

"엄마가 언니와 내가 장난감을 두고 다툴 때 우리 이야기를 들어보지도 않고 장난감을 뺏어갔을 때(상황) 나는 정말 서운하고 슬펐어(감정). 나는 엄마가 내 편을 들어주기를 바랐던 것 같아. 적어도 내 이야기를 들어주기를 원했어(욕구)."

엄마가 자신을 적절히 표현할 수 있어야 아이 또한 표현하는 법을 자연스레 배운다. 엄마가 자기를 주장하고 표현하는 일에 익숙해지면 아이가 자신을 솔직하게 드러낼 수 있도록 안내할 수도 있다.

- 네 마음은 어때? - 감정
- 네가 바라는 것은 뭐야? - 욕구
- 엄마가 이 상황에서는 어떻게 해주기를 원해? - 상대에게 원하는 것

여기서 중요한 핵심은 '표현하는 것까지'라는 점이다. 만일 상대방이 혹시라도 내 말을 수용하지 않거나 나의 부탁을 거절한다면 그 결과를 수용해야 한다. 우리는 유아기 단계에서 이미 서로 간에 다른 의지가 있다는 것, 즉 다른 사람은 나와 다른 걸 원할 수도 있다는 점을 배웠다. 그렇다면 상대방의 욕구와 감정 그리고 의지 등에 대해서도 수용하는 태도가 필요하다. 내가 선택할 수 있는 것은 내 안의 욕구와 감정을 적절히 표현하는 것뿐이다. 다른 사람을 내 식대로 뜯어고치겠다는 자세는 여전히 유아기 발달에 멈춰 있는 셈이나 마찬가지다.

부치지 않을 편지 쓰기

　내면아이를 흔히 '상처받은 어린아이'라고도 합니다. 상처를 준 대상이 분명히 있다는 의미이지요. 엄마일 수도 혹은 아빠일 수도 있습니다. 때에 따라서는 다른 가족 구성원이나 혹은 친척일 수도 있겠지요. 학창 시절 선생님에게 받은 상처 때문에 오랜 시간 고통스러운 엄마들도 있습니다. 상처를 치유하는 가장 좋은 방법은 나에게 상처를 준 상대방이 자신의 잘못을 인정하고 진심으로 내게 사과하는 것입니다. 하지만 사과를 받기란 쉽지 않습니다. 다른 사람을 우리 뜻대로 통제하는 것은 불가능하기 때문입니다.

　그러나 우리에게는 그 상처를 치유할 방법이 있습니다. 누군가 여러분에게 상처를 준 사람이 있다면 그 사람에게 편지를 씁니다. 물론 부치지 않을 편지이기 때문에 하고 싶은 말을 다 풀어놓아도 괜찮습니다. 형식이 꼭 필요한 것은 아니지만, 가능한 다음의 내용이 들어갈 수 있도록 써보기를 권합니다. 편지를 쓰다 보면 당신 안의 상처가 치유되는 경험을 하게 됩니다. 우리는 이미 앞서 글로 표현하는 것만으로도 치유 효과가 있다는 사실을 배웠습니다. 이제 조금 더 용기를 내서 나에게 상처를 준 그 사람에게 편지를 씁니다. 다음을 참고하되, 형식에 매일 필요는 없습니다.

- 나에게 상처를 준 상대방의 행동을 최대한 구체적으로 적어주세요.
- 그 행동의 결과로 그 당시 내가 어떻게 느꼈는지를 자세히 기록하세요.
- 상대방의 그 행동이 어린아이였을 때 그리고 어른이 된 지금 나에게 미치는 영향을 적어보세요.
- 그때 내가 상대방에게 원했던 것이 무엇이었는지 적어보세요.
- 편지를 쓰고 있는 이 순간, 내가 상대방에 원하는 것이 무엇인지를 말해보세요.

나의 행동과
선택에 책임지다

엄마의 자기 훈육

훈육과 학대는 종이 한 장 정도 차이다. 이 종이 한 장을 가르는 것은 바로 엄마의 감정이다. 엄마의 감정이 실렸는지 여부에 따라 때로는 훈육이 되기도 하지만 자칫 학대로 이어지기도 한다. 아무리 값지고 귀한 것이라도 전달하는 방식에서 문제가 있으면 오히려 독이 된다. 거금이 든 통장이라도 바닥에 내동댕이치듯이 던지면 감사함보다는 불쾌감이 먼저 느껴진다. 훈육도 마찬가지다. 제아무리 피가 되고 살이 되는 교육적인 메시지라 하더라도 엄마가 화나 짜증을 내며 전한다면 오히려 부정적인 효과를 낳는다. 그래서 훈육은 반드시 엄마가 준비되었을 때 해야 한다. 첫째, 엄마가 감정적으로 편안할 때 해야 한다. 둘째, 가르쳐야 하는 바람직한 행동이 무엇인지를 정확히 알아야 한다.

집단 상담에서 만난 수정 씨의 고백이다. "저는 그동안 아이에게 늘 훈육을 한다고 생각했는데, 가만히 보니까 이것저것 하지 말라는 말만 계속하고 있더라고요. 어떻게 행동해야 하는지는 가르쳐주지 않고 그저 하지 말라고만 했으니 아이가 얼마나 힘들었을까요?" 올해 초등학교 1학년인 아들이 학교에서 친구들 간에 문제를 일으켜서 수정 씨는 거의 매일 담임선생님의 전화를 받는다. 아이는 친구들이 잘못한 부분을 귀신같이 찾아내 잔소리를 하고 훈수를 둔다. 수시로 선생님에게 고자질을 일삼고 때로는 폭력을 행사하기도 한다. 이 아이가 잘할 수 있는 것이 지적하고 참견하는 행동인 건 지극히 당연하다. 엄마로부터 잘못된 행동에 대해 끊임없이 지적만 받아왔기에 아이는 '지적 대왕'이 될 수밖에 없다. 문제는 엄마가 아이에게 올바른 행동은 가르쳐주지 않는다는 데 있다. 엄마조차도 바람직한 행동에 대한 기준이 모호하다. 사실 엄마도 무엇이 옳고, 무엇이 그른지를 잘 모른다.

"하지 말라고 했지?"

"그래서 어떻게 하라는 건데?"

"네가 알아서 해! 엄마가 일일이 다 말해줘야 해?"

수정 씨는 어린 시절 행동에 대한 경계나 한계를 배운 기억이 없다. 그저 혼나고 핀잔만 들은 기억이 가득하다. 그래서일까? 엄마가 된 지금 육아의 매 순간이 혼란스럽고 당황스럽다.

엄마의 역할은 아이를 비난하고 좌절시키는 것이 아니다. 아이가 책임감 있는 어른으로 성장할 수 있도록 돕는 일이다. 따라서 엄마는 아이의 '현재'가 아니라 아이가 가야 할 '미래'를 볼 수 있어야 한다. 어른이라고 해서 저절로 얻어지는 것은 별로 없다. 어른일지라도 올바른 가치관을 바탕으로 한 행동 지침을 배워야 한다. 특히 어린 시절 제대로 배우지 못했다면 두 배 이상의 노력이 요구된다. 엄마에게도 공부가 필요하다. 무엇을 해야 하고, 무엇을 하지 말아야 하는지, 엄마라면 적어도 명확하게 이해하고 있어야 한다. 엄마의 자기 훈육이 필요한 이유다. 자기 훈육을 위해서는 먼저 엄마 안에서 끊임없이 재생되는 비난과 질책의 소리를 멈춰야 한다.

진심 어린 사과의 힘

'잘못해야지'라고 굳은 결심을 하고 실행에 옮기는 사람은 거의 드물다. '어쩌다 실수' 또는 '어쩌다 잘못'이 대부분이다. 의도하든 의도하지 않든, 우리는 금기된 영역을 넘어갈 때가 많다. 원기 왕성한 운동력으로 공간을 넘나드는 3단계 학령전기는 행동의 한계와 경계를 배우는 시기다. 이 시기에 느끼는 죄책감은 사회적 감정으로 인간관계에서 해가 되는 행동을 하지 않도록 경고하는 기능을 한다. 죄책감은 자신의 잘못을 인정하고 바로잡도록 기능함으로써 사회적으로 설정된 범주에서 벗어나지 않게 해준다. 이 시기 아이들은 자기의 목표와 기대가 쉽사리 이루어지지 않는다는 것을 깨닫게 되면서 위기를 겪게 된다. 하지만 실망하지 않고 새롭게 시작할 수 있는 열정과 방향감각을 배우는 때도 바로 이 시기다.

죄책감의 긍정적인 기능은 꺼림칙하고 불쾌한 기분을 불러일으킨 행동 자체를 애초부터 피하도록 한다는 데 있다. 문제라고 인정하고 솔직하게 사과를 할 때 비로소 나아진 방향으로 나아갈 수 있다. 우리가 한 잘못에 대해 인정하지 않을 때 행동이 개선될 여지는 없다. 하지만 '잘못했다'라는 한마디를 하기가 쉽지 않다. 사실 어른들 간에 잘못을 시인하는 것은 그래도 좀 낫다. 엄마가 자녀에게 잘못을 인정하기란 그보다 훨씬 더 어렵다. 마음 안에서는 죄책감이 파도치듯 밀려오지만 모든 힘을 총동원해서 맞서기를 선택한다.

"엄마가 그럴 수도 있는 거지. 그게 뭐 어쨌다는 거야? 머리에 피도 안 마른 게 엄마한테 말하는 태도가 그게 뭐야?"

'한번 해보자'라는 태도로 엄마가 아이를 대하면 아이는 혼란스럽다. 모든 게 자신의 잘못이라 여기고 죄책감을 넘어 수치심으로 고통받는다. 아이 또한 은연중에 잘못에 대한 엉뚱한 대처 방법을 학습한다. 거짓말을 밥 먹듯이 하거나 여러 가지 변명거리를 찾기에 바쁘다. 만약 사춘기라면 엄마의 잘못된 태도는 아이의 반항을 부추긴다. 이런 경우 엄마의 권위는 바닥으로 떨어지고 엄마의 모든 말은 잔소리로 전락한다. 하지만 엄마가 솔직하게 사과를 하면 아이는 솔직함이 주는 이점을 배운다.

특히 수치심에 묶인 엄마는 자신의 잘못을 인정하기를 거부한다. 잘못을 인정하는 순간 모든 게 와르르 무너질 것이라는 두려움 때문이다. 이들은 외부로부터의 손가락질이나 비난을 견딜 수 없다. 겨우겨우 유지하고 있는 자신의 이미지가 한 방에 훅 갈 수 있다는 불안 때문에 잘못을 감추느라 바쁘다. 하물며 자녀에게 사과하는 행동은 상상할 수도 없다. 하지만 죄책감으로부터 도망가는 사이, 잘못을 바로잡을 수 있는 기회도 점점 멀어진다. 때로 자신의 잘못을 무마하려다가 더 큰 실수를 저지르기도 한다. 만약 자신의 잘못을 알고도 '눈막 귀막' 한다면 덩치만 어른인 채 막무가내로 우겨대는 어린아이에 불과하다. 우리의 성장을 가로막는 가장 큰 장애물은 바로 잘못을 인정하지 않는 태도다. 우리는 잘못을 시인하고 바로잡아가는 과정을 거치며 성장한다. 어른이라면 자신의 행동에 대해 온전히 책임질 수 있어야 한다. 자신의 잘못을 인정하게 되면 생각지도 못한 자유가 찾아온다.

엄마도 불완전한 인간이라는 사실을 인정하자. 어른이지만 실수할 수 있다. 이럴 때는 숨지 말고 자신의 잘못을 솔직하게 사과하고 나아지겠다는 약속을 하자. 때로 아이의 도움이 필요할 때는 적극적으로 요청하는 것도 좋다.

"엄마가 앞으로는 아무리 화가 나도 욕설을 하지 않도록 노력할 거야. 그런데 엄마도 사람인지라 간혹 실수할 수 있어. 그럴 때는 우리 은호가 엄마에게 알려줬으면 좋겠어."

한 가지 유의할 점은 사과가 잘못을 덮어버리는 수단이 되어서는 안 된다. "그래, 엄마가 잘못했다. 이제 됐니?"라는 식은 위험하다. 자신이 뭘 잘못했는지를 진심으로 반성하지 않고 그저 그 상황을 모면하기 위한 '옛다! 사과'는 안 하느니만 못하다. 또한 사과를 너무 남발하는 것도 문제다. 엄마가 하루에도 수차례 사과를 한다면 이를 진정한 사과라고 보기 어렵다. "그렇게 사과할 거면서 왜 맨날 그러는 거야 엄마는?" 아이로부터 이런 볼멘소리를 듣는 엄마들이 있다. 사과가 상황의 불편함으로부터 도망가는 출구 역할에 그쳐서는 안 된다.

엄마의 마시멜로

홈쇼핑에서 마감 임박이나 혹은 품절이라는 단어만 봐도 심장이 쿵쾅쿵쾅 뛰지는 않는가? '어머 저건 사야 해!'라는 생각에 그다지 필요하지도 않은데 일단 질러보지는 않는가? 실제 나에게 필요한 것보다는 과하다 싶을 정도로 많이 사거나 쓸데없는 것을 구매하고 후회하는 일이 빈번하다면 자기조절과 자기통제에 문제가 있을 수 있다.

'마시멜로 실험'이라고 불리는 유명한 실험이 있다. 1960년대 미국 스탠퍼드대학교에서 학령전기에 해당하는 3~5세 아이들을 대상으로 실시된 실험이다. 아이들에게 마시멜로를 한 봉지를 주면서 15분 동안 먹지 않고 기다리면 한 봉지를 더 주겠다고 약속한 후, 아이의 행동을 관찰하고 이 행동이 이후 삶에 미치는 영향을 종단 추적한 연구다. 자기통제 능력은 만족지연 능력이라고도 불린다. 이는 삶을 주도적으로 이끌어가기 위해서 꼭 필요한 능력으로, 15분을 견딘 후 한 봉지를 더 받은 아이들은 그렇지 않은 아이들보다 학업에서부터 인생 전반에 걸쳐 훨씬 더 주도적이고 성공적인 삶을 살아간 것으로 밝혀졌다. 사실 이 만족지연 능력은 1단계에서의 기본적인 신뢰, 즉 그동안 엄마와의 관계에서 신뢰가 얼마나 쌓였는지가 중요한 척도가 된다. 정말로 마시멜로 한 봉지를 받을 수 있다는 신뢰가 형성되지 않으면 아이들에게는 마냥 믿고 기다리기 어렵다.

나는 가끔 생각한다. 아이가 아닌 엄마가 이 실험에 참여한다면 어떨까? 물론 '마시멜로 한 봉지 더'가 아닌 어른에게 적합한 실험 상황을 설정하고 말이다. 예컨대 앞서 언급했던 '품절 임박' 상황에서 어떤 선택을 할 것인지 생각해봐도 좋을 것 같다.

어른이 된다고 해서 자연스레 자기조절력과 자기통제력이 생기지는 않는다. 더군다나 어린 시절 조절과 통제를 제대로 배우지 못했다면 엄마가 된 지금이라고 다르지 않다. 엄마의 자기조절력은 단순히 물건을 사고 안 사고의 차원이 아니다. 엄마는 아이에게 직접적인 영향을 미치는 존재다. 엄마가 문제를 제대로 인식하지 못한다면 눈앞에 있는 우리 아이가 '마시멜로'로 전락할 수도 있다.

자기조절력과 자기통제력이 낮은 엄마들은 아이의 속도를 진득하게 기다려주지 못한다. 얼마 전 유아기 자녀를 둔 엄마들을 대상으로 강의를 할 때였다. "아들이 다섯 살인데, 공부를 왜 이렇게 싫어하는지 모르겠어요. 공부하자고 하면 소리를 지르고 심지어 엄마한테 발길질까지 해요. 어떻게 해야 좋을까요?" 구체적으로 어떤 공부를 하는지 물어보니, 한글과 수학 그리고 영어까지 공부한다고 말한다. 로봇을 갖고 놀고 싶은 아이와 영어 단어를 가르치고 싶은 엄마와의 한판 전쟁이다. 다섯 살인 아이에게 공부를 시키는 이유를 물어보니, TV나 유튜브 채널에 나오는 아이들을 보면 자신의 아이가 너무 뒤처진다는 생각에 불안하다고 대답한다. 앞서 이야기했던 상황인 '품절 임박'과 별반 다르지 않다. 아이의 발달과 처한 현실 그리고 아이만의 속도 등은 무시한 채 그저 외부에 휘둘리는 엄마들이 많다. '지금 당장' 그들처럼 우리 아이를 키우지 않으면 큰일이라도 날 것처럼 발을 동동거린다. 엄마의 판단력이 흐려지는 사이 제때 적절한 자극을 받지 못한 채 아이는 마치 속 빈 강정처럼 성장한다. 내용물은 허접하지만 겉 포장지만 과도한 질소 과자와 다름없다.

다음은 엄마의 자기조절력 향상을 위한 간단한 팁이다. 기억하기 쉽게 굳이 이름을 붙이자면 'BTS' 전략이라 부를 수 있겠다. 지금 나의 행동이 과연 맞는 것인지 헷갈리거나 무언가에 휘둘린다는 느낌이 조금이라도 든다면 아래의 내용을 기억하자.

- Breathe - 일단 심호흡을 하자. 앞서도 다루었지만, 호흡은 의식을 지금 여기로 데려오는 가장 효과적인 방법이다.

- Think wide - 상황을 좀 더 펼쳐서 바라보자. 내가 미처 보지 못한 부분이 있는지를 찾아보자. 나의 선택에 따르는 긍정적인 요소와 위협적인 요소 등 생각나는 대로 모두 기록해보자. 많이 적을수록 생각은 넓어진다.

• Select – 가능한 여러 선택지 중에서 가장 적합하고 좋은 것이 무엇인지를 찾아보자. 그리고 선택하자.

엄마와 아이의 경계

학령전기 때 제대로 된 경계와 한계를 배우지 못했다면 엄마가 되어서도 마찬가지다. 이 시기의 침범성이나 침투성이 주도성으로 전환되지 않은 채 대인관계에서의 경계를 제대로 세우지 못하면 어른이 되었을 때 더 큰 문제를 겪는다. 그래서 엄마가 경계를 세우는 일은 아주 중요하다.

경계 개념이 없는 엄마는 다른 사람의 마음을 파고들거나 침범하기 쉽다. 집들이에 초대된 엄마가 집주인의 허락도 없이 방문을 벌컥 열어본다거나 혹은 옷장 문을 열어보는 것도 경계의 개념과 상관이 있다. 이들은 또한 다른 사람의 일에 지나치게 참견하거나 간섭하기 쉽다. 쓸데없이 훈수를 둔다거나 상대방이 원하지도 않는데 자처해서 문제를 해결하려고 든다. 나와 상대 사이의 엄격한 경계를 경험하지 못하는 엄마들이 이에 해당한다. 이들과 함께 있으면 존중받지 못하는 느낌뿐 아니라 왠지 모르게 공격받는 느낌마저도 든다. 자기 자신의 경계가 명확하게 설정되면 비로소 다른 사람과의 경계도 세워진다. 남이 침범해 들어오지 않는 곳은 나도 침범하지 않는다.

먼저 아이가 알아야 하는 사회적 범주, 즉 해도 되는 행동과 하면 안 되는 행동에 대한 경계를 알아보자. 경계는 아이의 연령에 따라 변해야 한다. 그 굵기나 크기 혹은 범위가 달라진다는 의미다. 영아기는 아이의 안전이 가장 중요하기 때문에 경계가 상당히 좁게 설정되어야만 한다. 하지만 아이가 점점 자라면서 자율성과 주도성을 키우는 과정에서는 경계 또한 확대되어야 한다. 간혹 경계가 잘못 설정되어 자녀와 끊임없는 갈등에 휘말리는 엄마를 본다. 아이가 어릴 때는 뭐든 해도 좋다고 내버려두다가 사춘기에 접어들면 걱정과 불안으로 똘똘 뭉쳐서 아이를 옥죄기 시작한다. 아이가 다섯 살일 때는 식당에서 여기저기 뛰어다니는 행동을 나 몰라라 하다가, 사춘기가 되어서야 발등에 불이 떨어졌음을 직감하고 '아차' 한다. 그제야 아이의 일거수일투족을 따라다니며 잔소리를 늘어놓기 시작한다. 아이의 귀에 바짝 대고 "이것 해라" 또는 "저것은 하지 마라" 등의 말을 쉬지 않고 퍼붓는다.

경계는 물리적인 경계뿐 아니라 정신적 혹은 정서적 경계도 포함한다. 정신적, 정서적 경계는 다른 사람들도 그들만의 정서적 세계를 분리해서 가질 수 있도록 해준다. 부모와 자녀 간에도 정신적, 정서적 경계가 존재한다. 하지만 정서적 경계를 명확하게 설정하지 못하는 엄마도 있다. 이들은 아이의 사생활을 침범하는 것을 당연시한다. 흔하게는 아이의 일기장을 허락 없이 훔쳐본다거나 혹은 아이디와 비밀번호 공유를 당연하게 요구한다. 사춘기 자녀의 방문을 뜯어버리거나 친구 관계에 과하게 깊이 개입하려고 한다.

"네가 나한테 어떻게 그래?"

"엄마는 너 하나만 보고 사는데, 네가 그러면 엄마는 너무 슬퍼."

"네가 어떤 선택을 해야 엄마가 기분 좋은지 너도 알고 있지? 엄마를 실망시키면 안 돼!"

정서적 경계가 모호한 엄마들이 주로 하는 말들이다. 특히 반복적으로 이런 말을 들으며 자라는 아이는 '엄마를 위로하고 돌볼 사람은 나밖에 없어'라는 생각에 갇혀 자칫 엄마의 정서적 배우자를 자처한다. 아이의 경계를 함부로 침범하는 엄마는 아이에게 주로 수치심과 분노를 심어준다. 그뿐만 아니다. 아이 또한 경계 설정에 문제를 겪는다. 어린 시절 세워진 경계와 한계의 개념은 이후 어른이 되어서도 인간관계나 유대감에 영향을 미친다.

엄마 안의 경계

"가까이 오지 마라. 멀어지지도 마라."

인기리에 방영되었던 사극 드라마 〈해를 품은 달〉의 유명한 대사 중 하나다. 나라마다 국경이 있다. 집마다 울타리나 벽이 있다. 허락이나 허가 없이 함부로 넘나들 수 없도록 세운 엄격한 경계다. 사람 간에도 경계가 있다. 사람 사이의 경계란 자신의 욕구를 직접 충족시키기 위해서 표현하는 개인적 한계를 말한다. 다른 사람들의 반응 방식과 상관없이 자신을 위해서 그어두는 선이라고도 볼 수 있다. 누구든 나의 허락 없이 넘어올 수 없는 선이다. 이 선을 세우는 원칙은 아이에게도 똑같이 적용된다. 나의 경계를 지키기 위해서는 주파수가 타인이 아닌 자신에게 맞춰져 있어야 한다. 다시 말해, '네가 달라져야 해'가 아니라 '내 욕구를 더욱 잘 충족하기 위해서 나는 무엇을 할 수 있을까?'에 초점이 맞춰져야 한다.

예를 들어보자. 밤낮없이 전화해서 이런저런 하소연을 하는 친구가 있다. 이 친구와 통화를 하면 한 시간은 기본이고 어떤 경우는 두 시간이 넘어갈 때도 있다. 대부분의 통화 시간 동안 친구의 하소연을 들어주다 보니 나는 진이 빠진다. 만약 당신이 이런 상황에 처했다면 당신에게는 경계가 필요하다. 타인은 변화시키기 어려운 존재다. 변화는 나로부터 시작된다는 사실을 기억해야 한다. 친구의 전화로 인해 나의 일상이 무너진다면 '이 상황에서 내가 할 수 있는 게 뭘까'를 고민해야 한다. 친구에게 내가 처한 현실을 전달하고 내가 원하는 바를 구체적으로 요청할 수 있어야 한다. 때에 따라 친구에게 '전화 그만하기'나 '용건만 간단히'를 요청할 수 있어야 한다. 물론 나의 요구를 들어줄지에 대한 결정은 친구의 몫이다. 자녀 또한 예외는 아니다. 앞서 유아기 단계에서 자기를 표현하는 방법에 대해서는 이미 다루었으니 참고하기를 바란다.

정신적, 정서적 경계는 타인과의 분리에도 필요하지만, 때에 따라서는 자신과 자신의 정서적 세계를 분리하는 것도 필요하다. 즉, 나와 내가 느끼는 감정이 분리될 수 있음을 알아야 한다. 내가 감정 그 자체가 아니라, 그 감정을 느끼는 주체라는 사실을 이해해야 한다. 내가 곧 화는 아니다. 나는 다만 화를 느끼는 존재일 뿐이다. 화와 나를 분리할 때 화를 다루는 일이 비로소 가능해진다. 이렇게 나와 내 감정을 분리할 수 있을 때 다른 사람 또한 그들의 감정이 있고 독립된 정서적 세계가 있음을 인정할 수 있다. 정서적 경계가 제대로 세워지면 자신의 직관적인 목소리에 가깝게 접근할 수 있다. 정서가 안정되면 자기 생각과 의지, 믿음을 다른 사람들과 더욱 편안하게 공유할 수 있다. 항상 다른 사람의 기분을 맞추거나 그들의 의견에 동의해야 한다는 생각이 들지 않는다.

엄마가 자신의 정서적 경계를 명확하게 세우면 자녀와의 경계 또한 튼튼해진다. 경계가 단단하게 구축이 될 때 아이의 감정을 담아두는 컨테이너 역할 또한 가능해진다.

엄마의
내면아이
연습장

나의 울타리 세우기

동화 〈아기 돼지 삼형제〉에서도 알 수 있듯이 자신의 울타리를 세우는 일은 아주 중요합니다. 타인 혹은 세상으로부터 보호받기 위해서는 스스로 자신의 울타리를 단단하게 세워야 합니다. 혹시 지금 당신의 울타리에 문제가 있는지를 점검해보세요. 다음의 질문에 등장하는 '에너지'는 신체적, 정신적 또는 정서적 에너지 모두를 포함합니다.

1. 요즘 나를 가장 힘들게 하는 것은 무엇입니까? 상황이든 사람이든 나의 에너지를 너무 많이 빼앗기는 것이 있다면 구체적으로 적어보세요.

2. 그 상황 혹은 사람의 어떤 부분이 나를 힘들게 하는지 최대한 자세히 적어보세요.

3. 궁극적으로 내가 바라는 것은 무엇입니까? 현재 상황에서 달라졌으면 하는 것이 있다면 무엇인가요?

4. 이 순간 내가 할 수 있는 것이 있다면 무엇일까요? 내 안의 자원을 최대한 떠올려보시기 바랍니다.

나에게는
실패할 권리가 있다

"저는 실패한 엄마예요. 뭐 하나 제대로 하는 게 없어요. 아이를 볼 때마다 죄스러운 마음이 올라와서 미칠 것 같아요."

살면서 단 한 번도 실패하지 않는 사람이 있을까? 실수나 실패 없이 온전히 성공한 사람의 이야기는 들어본 적이 없다. 토머스 에디슨Thomas Edison의 '실패는 성공의 어머니'라는 말을 이쯤에서 되새겨볼 필요가 있다. 실패하더라도 좌절하지 말고 끝까지 최선을 다하라는 의미이지만, 사실 이 말 속에는 더 깊은 의미가 숨어 있다.

먼저 이 문제부터 따져보자. 엄마가 생각하는 실패가 정말 실패일까? 안타깝게도 대부분 엄마는 성장 과정상 어쩔 수 없이 나타나는 아이의 문제조차도 엄마의 문제로 단정 짓고 양육에서의 실패라고 규정한다. 아이가 장애가 있어도 엄마의 탓이라 여기고, 아이가 아파도 엄마의 문제로 치부된다. 나 또한 아토피 질환으로 고통받는 딸을 보면서 끊임없이 나 자신을 질책하고 비난했었다. 아이를 데리고 병원을 가도 모든 사람이 나를 손가락질하는 것 같은 느낌을 떨칠 수가 없었다. 이제는 좀 더 냉정해져야 할 때다. 실패는 마치 나사를 조이는 드라이브와 같아서 우리의 마음과 행동을 옴짝달싹하지 못하도록 조인다. 엄밀히 말해, 실패했다는 사실 자체보다는 실패에 대한 해석 때문에 우리는 자책하고 움츠러든다.

실패할 권리

어느 엄마의 고백이다. 그녀는 초등학교 때 사생 대회에서 장려상을 받았다. 그런데 상장을 내밀자마자 들었던 엄마의 한마디는 세월이 흐른 지금에도 가슴에 상처로 남았다.

"잘했는데, 다음에는 이 부분을 좀 더 자세하고 실감나게 표현하면 좋겠다."

잘했다는 말에서 끝낼 수는 없었을까? 어린 마음에 엄마의 뒷말은 서운함을 넘어서 서러웠다. 그래서 어린 그녀는 그 자리에서 울음을 터트렸다.

초등학교에 들어가면서 우리는 많은 변화를 겪는다. 가장 큰 변화는 사회 구성원으로서 배워야 할 최소한의 기술을 비로소 터득하게 된다는 점이다. 다시 말해, 효과적으로 과제를 수행할 수 있도록 사회적으로 고안된 기술과 방법들을 익힌다. 이때 접하는 학습은 이전 단계에서의 학습과는 차원이 다르다. 넓게 보면 걷기와 말하기 등도 학습의 일환이다. 엄밀히 말해, 이는 나이가 들고 신체의 조건이 받쳐주면 자연스럽게 터득하는 부분이다. 하지만 도구적이고 인위적인 법칙은 의도적으로 노력하지 않으면 결코 배울 수 없다. 일흔 살이 넘어도 한글을 읽지 못하거나 스무 살이 넘어도 자전거를 못 타는 사람이 많은 이유다. 학습이라는 과정 자체는 결코 쉽지도 만만하지도 않다. 따라서 학습은 지속적인 주의와 인내를 요구한다. 이 과정에서 우리는 어쩔 수 없이 실수와 실패를 경험할 수밖에 없다.

앞서 우리는 학령기 시기 자신이 해낸 것에 대해 실망하고 그 실망감을 적절히 승화시키는 법을 배우는 것이 근면성을 발달시키는 데 아주 중요함을 배웠다. 아이를 떠나 엄마 삶을 좀 더 생기 있고 자발적으로 만들기 위해서는 엄마 자신의 실수나 실패를 바라보는 관점부터 바꿔보자. 만약 어린 시절 조그마한 실수에도 늘 비난이 따랐다면 어른이 된 지금 엄마는 결코 자신의 실수와 실패에 관대할 수가 없다. 엄마 스스로가 누구보다 엄격하고 잔인한 잣대를 자신에게 들이대고 한 치의 허점도 허용하지 않는다면 아이의 실수나 실패에 대한 태도는 말할 것도 없다.

실패는 과정이다

"1,000번째 전구를 발명하셨다고 들었습니다. 그렇다면 999번의 실패를 견디신 비결이 뭡니까?" 에디슨이 전구를 발명하고 나서 열린 기자회견에서 나온 질문이다. "저는 단 한 번도 실패한 기억이 없습니다. 다만 999번의 안 되는 방법을 찾아냈을 뿐입니다. 그 과정이 있었기에, 발명이 가능했습니다." 에디슨의 대답이다.

실패를 어떻게 바라볼 것인가는 아주 중요하다. 실패를 '끝'이라고 규정해버리면 더는 해볼 것이 없다. 말 그대로 끝이다. 그래서 우리는 우리의 파괴적인 생각을 바꿔야 한다. 엄마가 세상을 바라보는 관점은 결국 아이가 세상을 바라보는 관점에 커다란 영향을 미친다. 엄마가 실패를 파국적으로 생각한다면, 아이 또한 그렇게 생각한다. 우리는 실수나 실패를 통해서 배운다. 흔한 말이지만 부인할 수 없는 인생의 진실이다. 그런데 많은 엄마는 실수나 실패를 부정적이고 파국적이라고만 본다.

"역시 넌 뭘 해도 안 되는구나."

"너 그럴 줄 알았어. 기대한 내가 바보지."

"이 멍청아! 그것 하나도 제대로 못 하니? 도대체 네가 할 줄 아는 게 뭐니?"

이런 부모의 말은 아이에게 불량식품보다 더 해롭다. 부모의 비난과 질책은 아이 앞에 커다란 장벽을 세우고, 아이의 자신감뿐 아니라 정체성에 흠집을 낸다. 현재 일어난 일뿐 아니라 앞으로도 모든 일은 안 풀릴 것이라는 암시를 줌으로써 미래의 일에까지 영향을 미친다. 자동차를 탈 때 안전벨트를 하지 않으면 계기판에 경고등이 켜진다. 실수와 실패는 이 안전벨트와 같다. 어디가 잘못되었는지를 알려주는 경고등이다. 실패를 자세히 분석해보면 무엇이 잘못되었는지를 파악할 수 있고 더 나은 방향으로의 전환이 가능하다. 따라서 우리는 모두 실패하고 넘어질 권리가 있다. 실수와 실패는 성공으로 가는 길에서 무엇이 문제인지를 보여줌으로써, 그것을 바로잡을 수 있게 한다. 실수는 무엇이 되었고, 무엇이 아직 안 되었는지를 알려주는 지표일 뿐이다. 우리는 실수를 디딤돌 삼아서 성공에 좀 더 가까워진다.

성장은 배움의 연속이다. 아무것도 하지 않으면 아무 일도 일어나지 않는다. 실수와 실패에는 무언가를 이미 시도했고 도전했다는 긍정적인 의미가 숨어 있다. 무언가를 하기 위해서는 견뎌내는 힘이 필요하다. 기대와 다른 결과에 대해서도 받아들이고 인내해야 한다.

그러니 우리 모두 실수를 두려워하지 말자. 실수하는 자신을 탓하지도 말자. 실수를 기꺼이 받아들이고, 실수를 통해 무엇을 배울 수 있는지에 관심을 기울이자. 성장 과정에서 실수와 실패는 필연적이다. 실패해도 괜찮다. 넘어져도 괜찮다. 넘어진 사람만이 일어서는 법을 배운다. 넘어지고 일어서는 행위를 반복한 사람만이 일어서는 방법을 터득한다. 그리고 이들은 넘어지는 것을 겁내지 않는다. 이런 실수와 실패들이 쌓여서 궁극에는 성공에 이른다. 실수와 실패 없이 성공은 불가능하다. 따라서 실수와 실패에 대해 우리 모두 당당해질 필요가 있다.

실수덩어리가 아니라 실수할 수도 있는 사람

많은 엄마가 훈육이라는 거창한 명분 아래 아이를 수치심으로 더러워진 오물통에 밀어 넣는다. 훈육에서 가장 중요한 것은 행위와 존재를 구분하는 일이다. 아이의 잘못된 행동은 바로잡아주되, 존재 자체를 오물통 속에 던져버려서는 안 된다.

"너 때문에 못 살겠다. 넌 실수투성이야. 구제 불능이라고!"

엄마의 이 말은 아이의 존재를 해치는 말이다. 아이 존재와 실패가 엉켜서 아이 자체가 '실패'가 된다. 실패할 수도 있는 사람이 아니라, 존재 자체를 실수이자 실패로 여기는 것이다. 아이는 스스로 실패작이라 여길 수밖에 없다. 실수나 잘못된 행동은 바로잡아줘야 하지만, 아이 존재를 다치게 해서는 절대 안 된다. 어떤 경우라도 아이 존재 자체는 존중받아야 마땅하다. 존재가 건강하고 단단해야만 행동 역시 변화가 가능하다. 모든 아이는 부모로부터 다음과 같은 메시지를 받아야만 한다.

'나는 언제든 실수할 수 있는 사람이다. 나뿐 아니라 누구든 실수할 수 있다. 그게 사람이다. 다소 실수했음에도 불구하고 내 존재 자체는 아무 문제가 없다. 그래서 마음만 먹으면 나는 실수를 바로잡을 수 있다.'

아이가 배워야 하는 것은 실수를 바로잡는 방법이다. 실수와 실패는 경고에 불과할 뿐, 과실치사가 아니다!

최고가 아닌 최선을!

잠시 앞으로 되돌아가서 3장 122쪽에 첨부된 '엄마의 생각 노트'를 펼쳐보자. '엄마가 된 일을 후회한 적이 있었나요?'라는 질문에 당신은 무엇이라고 적었는가? 교육에서 만난 몇몇 엄마들은 '네'라고 답한다. "너는 집구석에서 애나 키우면서 뭐가 그리 바쁘니?"라는 시어머니의 말에 기분이 상한 엄마, 출산 후 육아를 하면서 직장 다니는 친구들이 하염없이 부러운 엄마 등 그 이유도 다양하다. 이들은 주변으로부터 양육의 가치를 폄하당하는 시선을 받을 때마다 자신이 위축되고 보잘것없다고 여긴다. 10년 넘게 아이를 키우고 있지만, 자신이 하는 그 일이 얼마나 가치 있는지를 알 수 없어서 답답하다. 양육이라는 일 자체가 성과나 성취가 겉으로 확연히 드러나지 않다 보니 당연히 그럴 수 있다. 그렇다 보니 자칫 양육에서도 과도하게 성과에 매달리는 엄마들이 생긴다. 이들은 양육에서도 최고가 아니면 안 된다는 식으로 자신을 극한으로 몰아붙인다. 그 가운데 아이들은 시들어간다.

아동기 시기 열등감에 빠지는 대신 과도하게 근면성을 길렀던 엄마의 경우가 이에 해당한다. 이들은 세상에 불가능이란 없다는 마음으로 매사 자신을 채찍질한다. 양육에서도 예외는 아니다. 아이를 키우는 데서도 과도하게 경쟁을 하거나 비교를 한다. 자녀의 성공이 곧 자신의 성공이라 믿어 의심치 않는다. 그래서 자신의 모든 자원을 쏟아부어서 자녀에게 '올인'한다. 이런 엄마에게 아이라는 존재는 자칫 자신의 성공을 위한 수단으로 전락할 위험이 있다. 이들은 아이 존재가 아니라 아이가 해낸 성과에만 시선을 둔다. 아이 손에 들린 성적표, 시험지 혹은 상장에만 눈길을 준다. 그 성과를 이뤄내기 위해서 아이가 얼마나 고단하게 노력하고 애를 썼는지는 관심사가 아니다.

이런 경우 아이는 엄마로부터 인정받기 위해서 성과에 매달릴 수밖에 없다. 만에 하나 원하는 만큼 성과를 내지 못할 때 그들은 좌절하고 절망한다. 자신의 존재 자체가 실패작이라고 여기고 수치스럽다. 수치심은 이런 식으로 엄마에게서 자녀에게로 전염된다. 이들은 칭찬에도 인색하다. 자칫 아이가 기고만장해질까 봐 웬만하면 '잘했다'라는 말조차도 아낀다는 어떤 엄마의 말이 떠오른다. "과하게 칭찬하면 아이가 너무 우쭐해지지 않나요?" 모든 아이는 현관문을 나서는 순간부터 칭찬받기보다는 지적받을 일이 많다. 특히 아이가 초등학교를 들어간 이후라면 온통 평가받고 비교당하는 일 천지다. 그래서 아이들은 주눅 들고 위축되기 마련이다. 따라서 가정에서만이라도 우리 아이가 어깨를 펼 수 있도록 칭찬을 아끼지 않아야 한다.

양육에서 최고란 존재하지 않는다. 양육은 경쟁이 아니다. 좋은 엄마는 그저 자신이 할 수 있는 선에서 최선을 다하는 엄마다. 아이가 독립적으로 삶을 영위할 수 있을 때까지 발달을 적절하게 자극하고 돕는 것이 엄마의 역할이다. 아이에게 무엇이 필요한지를 살펴 아이의 신체적, 정신적, 정서적 욕구를 충족시켜주면 된다. 욕구를 충족하는 과정에서는 최고가 아니라 최선이 필요할 뿐이다.

　노력하는 자는 즐기는 자를 이기지 못한다는 말이 있다. 엄마들은 대부분 좋은 엄마 역할을 위해서 노력하고자 한다. 하지만 양육에서 정말 필요한 것은 처절한 노력이 아니라 양육 과정 자체를 즐기려는 마음이다. 아이의 성장을 호기심 어린 눈으로 바라보자. 하루가 다르게 커가는 아이를 바라보는 것만으로도 이미 양육은 즐거운 일이다. 즐기는 가운데 엄마 또한 성장한다는 사실을 잊지 말기를 바란다.

엄마의
내면아이
연습장

실패를 다시 디자인하기

인생을 살다 보면 누구나 실패를 피해갈 수는 없습니다. 우리가 겪은 실패는 지금의 나를 완성하는 데 없어서는 안 될 중요한 자산입니다. 인생은 퍼즐을 맞춰가는 과정입니다. 퍼즐에서 한 조각이라도 잃어버리면 완성은 불가능합니다. 생각하기 나름이라는 말이 있습니다. 실패 또한 우리가 어떤 관점에서 바라보느냐에 따라 자산이 될 수도 혹은 오점이 될 수도 있지요. 당신의 인생에서 지우고 싶은 실패의 기억이 있다면 이제 그 기억을 다시 디자인해보시기 바랍니다.

1. 가장 지우고 싶은 실패의 경험을 떠올려보고 자세히 적어보세요.

----

2. 실패에도 불구하고 견뎌냈기에 지금의 당신이 있습니다. 그렇다면 실패의 상황에서도 이겨낼 수 있었던 당신만의 원동력은 무엇일까요?

엄마의
미래를 설계하다

며칠 전 화장품 가게에서 계산하려고 줄을 서 있을 때였다. 내 앞의 젊은 여성이 짜증 섞인 목소리로 언성을 높였다.

"글쎄, 이게 나한테 안 맞는다고요. 그래서 환불해달라는 데 왜 안 된다는 거예요?"

"손님, 이건 이미 사용하셨기 때문에 반품이 불가합니다. 죄송합니다."

"뭐, 이딴 가게가 다 있어! 내 피부에 맞지 않는데 그럼 계속 써요? 그때 어떤 게 좋은지 물어서 추천받은 걸 샀잖아요. 그럼 이딴 걸 추천하지도 말았어야지."

"추천해달라고 하셔서 두어 가지 함께 추천해드렸고, 손님께서 이 제품을 선택하셨습니다. 그리고 계산하실 때도 교환과 반품에 대한 정책을 이미 고지를 해드렸습니다."

"다 모르겠고, 여기 책임자가 누구야?"

막무가내로 떼를 쓰고 있는 여성은 주위의 시선 따위는 아랑곳하지 않았다. 자신이 선택해서 산 물건을 단지 마음에 들지 않는다는 이유로 반품해달라고 우기는 중이었다.

이미 여러 차례 강조했지만, 인생은 선택의 과정이며 크고 작은 선택의 결과들이 모여서 삶을 완성한다. 그리고 선택의 결과가 개인의 자존감 수준을 결정한다. 가볍게는 나에게 맞는 화장품을 고르는 일부터 궁극적으로는 어떻게 살아가야 할지 전반을 결정하고 선택하는 과정이 바로 인생이다.

나는 어떤 사람일까?

청소년기는 아동에서 벗어나 어른이 되기 위해 거쳐야 하는 마지막 관문이다. 이제 문턱만 통과하면 비로소 어른이 되어 자신의 삶을 독립적으로 살아가야 한다. 질풍노도의 시기라고도 불리는 이때가 우리 인생 전반을 통틀어서 가장 다이내믹하지 않을까? 어쩌면 우리 삶의 하이라이트일 수도 있다는 생각을 해본다. 이때를 '뇌의 리모델링' 시기라고도 하는데, 인지의 비약적인 발달로 인해 비로소 고차원적인 사고가 시작되기 때문이다. 드디어 아이는 자신이 누구인지에서부터 어떻게 살아야 할지까지를 총체적으로 고민한다. 세포 하나하나가 자기 자신에게 집중되면서 자의식이 커지는 것은 물론이고 어른이 되기 위한 예행연습에 돌입한다. 부모의 가치관과 신념으로부터 독립할 뿐 아니라 정서적, 심리적인 독립까지를 꾀하는 시기가 바로 청소년이다.

오래전 워크숍에서 만난 영주 씨가 기억난다. 미술심리치료의 일환으로 '난화 그리기' 활동을 할 때였다. 그녀는 자신은 그림을 그려본 적이 없다고 활동에 참여하기를 연신 주저했다. 하지만 실제 그림을 그려보면서 자기 안의 숨겨진 실력을 발견하게 되었다. 자신의 그림 실력이 탁월하다는 사실을 깨닫고 이후 그림을 본격적으로 배우기 시작했다. "그림 그릴 때가 제일 행복한 거 같아요. 마음이 평화로워지고, 제가 너무 괜찮게 여겨져요." 3년 후 우연히 만난 그녀의 환하게 웃는 모습이 선하다. 워크숍 이전에는 한 번도 본 적 없는 표정이었다.

청소년 시기는 다양한 경험에 노출되면서 시행착오를 겪는 시기이기도 하다. "해보긴 해봤어?"라는 말이 이 시기의 아이들에게 가장 적합한 말일 수도 있다. 생각에서부터 행동에 이르기까지 다양한 경험을 해보지 않고서는 자신이 진정 누구인지 알기 어렵다. 자신의 정체를 명확하게 알지 못하면 '어떻게 살아야 하는가'에 대한 답도 얻기 어렵다. 그저 바람에 나뒹구는 낙엽처럼 이리저리 시간에 떠밀릴 뿐이다.

엄마가 된 지금까지도 자신이 누구인지, 어떤 사람인지가 모호하다면 어쩌면 내면아이가 청소년 시기에 붙들려 있을 가능성이 높다. 청소년 시기를 책상머리에서만 보냈다면 수학 공식은 어렵지 않게 풀지만 정작 자신의 문제 앞에서는 막막할 수밖에 없다. 인생은 수학 공식이 아니기 때문이다. 인생에서는 누구에게나 적용되면서 딱 떨어지는 공식은 없다. 우리에게는 수없이 많은 고민과 경험이 필요하다.

이미 눈치챘겠지만, 지금까지 당신이 이 책과 함께 해온 모든 과정은 궁극적으로는 나를 찾는 과정이었다. 영아기부터 오늘에 이르기까지 나의 성장이 어떠했는지를 돌아보는 것은 결국 나는 어떤 사람인가에 대한 답을 찾는 일이다.

자신을 온전히 이해한다는 것은 결코 간단하지도 쉽지도 않다. 어쩌면 당신이 이 책의 마지막 페이지를 덮는다고 해도 끝나지 않을 여정이다. 한 가지 확실한 것은 우리는 이미 인생 여정을 출발했고 걸어가고 있는 중이라는 사실이다. 그리고 우리 앞에 펼쳐진 길을 앞으로도 우리는 걸어야 한다. 그렇다면 적어도 어디로 가는

지는 알고 가야 하지 않을까?

엄마도 빈 둥지를 떠나야 할 때

'아이가 학교에서 돌아올 시간이라 밥을 챙겨줘야 하는데 어쩌지?' 오랜만의 고등학교 동창 모임에서 한창 이야기가 무르익을 때 한 엄마가 갈등한다. 아까부터 모임에 집중하지 못하고 안절부절 연신 시계만 확인한다. 아이는 올해 대학교에 입학한 새내기다. 아이는 이미 독립해서 어엿한 어른이 되었지만, 엄마는 여전히 아이로부터 독립하지 못한 채 자신의 시간을 저당 잡혀 있다. 아이가 자라면서 엄마는 잠시 밀쳐두었던 엄마 자신을 찾아야 한다. 엄마의 욕구를 마냥 창고에 내버려둘 수는 없는 노릇이다.

엄마가 되는 순간부터 우리는 자신을 서서히 포기하는 법을 배운다. 삶의 중심에 아이가 들어서면서 나 자신은 뒷방으로 밀려난다. 물론 영아를 키우는 엄마라면 아이의 욕구가 언제나 먼저다. 영아기와 유아기의 아이는 혼자서는 아무것도 할 수 없는 지극히 취약한 존재다. 따라서 엄마는 모든 주파수를 아이에게 맞춰야 한다. 엄마 배가 고프더라도 아이가 울면 아이의 배를 먼저 채워줘야 하는 것은 어쩔 수 없다. 아이의 생존과 직결되는 문제이기 때문이다. 하지만 아이가 어느 정도 자랐다면 이제는 엄마이기 때문에 당연히 해야 한다고 혹은 당연히 포기해야 한다고 여겼던 것들을 차분히 점검해보아야 한다.

엄마의 역할은 아이가 성장함에 따라 달라져야 한다. 갓 태어나 안전감을 획득해야 하는 영아기 때는 무조건 아이를 보살피고 돌보는 양육자의 역할이 요구된다. 엄마로부터 분리되어 세상 속으로 한 발씩 걸음을 떼는 유아기 때는 자율성과 주도성을 키워줘야 한다. 이때는 위험 요소를 줄이고 안전하게 지켜주는 보호자가 필요하다. 하지만 아이가 초등학교에 들어가면 이제는 무조건적인 양육과 보호에서 조금은 자유로워진다. 물론 아이의 근면성을 키우기 위해 지지하고 격려해주는 역할이 필요하다. 어른의 문턱에 바싹 다가서서 자신의 정체성을 고민하는 청소년기에는 심리적인 독립이 이루어진다. 이때 부모는 상담자가 되어 아이의 말에 귀 기울여주는 일이 무엇보다 중요하다. 이 무렵에는 물리적 거리보다는 심리적 거리가 훨씬 더 중요해진다. 아이가 성인이 되면 이제 엄마는 아이와 나란히 걸어가는 동반자가 된다. 이는 앞서 3단계에서 이미 다루었던 경계선 개념과도 맞물리는 내용이다.

아이가 성장하는데도 불구하고 '엄마라서' 혹은 '엄마이기 때문에' 어쩔 수 없는 선택을 한다면, 그건 자신의 인생에 무책임한 짓이다. 아이는 엄마의 말이 아니라 엄마의 행동을 보고 먼저 배운다. 엄마는 아이의 모델이다. 부모 스스로가 삶을 살아가는 바람직한 모습을 보여주는 것만큼 효과적인 양육은 없다. 자신은 인생을 통째로 쓰레기통에 내다 버린 채 아이에게는 인생을 소중히 여기라고 가르칠 수는 없다.

아이의 성장은 독립을 위한 과정이다. 아늑한 둥지에서 입을 벌리고 엄마가 물어다 주는 먹이만을 기다리던 아이들은, 어느 순간 언제 그랬냐는 듯 날개를 퍼덕이며 날아간다. 모든 아이는 언젠가 엄마로부터 독립한다. 빈 둥지에서 아무리 기다려봐야 아이는 둥지로 돌아오지 않는다. 빈 둥지를 끌어안고 슬퍼할 겨를이 없다. 아이를 떠나보내고 나면 우리는 온전히 한 인간으로서 홀로 서야 한다. 둥지를 툭툭 털어내고 우리의 삶을 담담하게 살아야 한다. 그러기 위해서는 지금부터 엄마의 미래를 준비해야 한다. 아이를 키우는 일과 엄마의 미래를 설계하는 일은 별개다. 에릭슨의 심리 사회적 발달단계에서도 살펴보았지만, 엄마 또한 여전히 성장 중이다. 아이뿐 아니라 엄마에게도 미래가 있다는 사실을 잊어서는 안 된다.

미리 당겨서 보는 나의 미래

아이가 다 자라고 나면 무얼 할지 몰라 방황하는 엄마들이 있다. 아이는 독립했지만, 엄마는 아이로부터 독립하지 못한 경우다. 엄마의 건강한 독립을 위해서는 아이가 자라는 과정 중에 미리 엄마의 미래를 위해 투자해야 한다. 하루 중 일부를 쪼개서 온전히 엄마를 위한 시간으로 사용해야 한다. 묻지도 따지지도 말고 엄마만을 위한 온전한 시간이 필요하다. 그리고 그 시간만큼은 아무에게도 방해받지 않고 엄마만을 위해서 써야 한다.

이제 당신이 이루려고 하는 궁극적인 목표를 상상해보자. 엄마의 남은 인생을 어떻게 채울지 고민해보자. 목표를 정한다는 것은 미래를 미리 당겨서 보는 것과 같다. 단순히 이렇게 살고 싶다거나 저렇게 살고 싶다가 아니라 실제 그런 모습으로 사는 자신을 그려보는 것이 중요하다. 자신이 앞으로 이루고자 하는 일을 생생하고 구체적으로 상상해보자. 이미 그 일이 이루어졌다고 믿고 그 기분과 감정을 느끼며 자신의 미래 모습을 상상해본다. 이 방법은 그 효과가 상당히 강력하다. 당신이 지금 상상 속에서 그리는 그대로의 삶이 분명 그대 앞에 펼쳐질 것이다. 이제부터 당신이 할 일은 자신의 미래를 그려가는 일이다.

미리 쓰는 나의 미래 일기

변화의 첫걸음은 자신의 과거와 현재와는 완전히 다른 미래를 상상하는 데서 시작됩니다. 자신의 미래를 구체적이고 생생하게 떠올려보는 것만으로도 이미 변화는 시작됩니다. 상상을 통해 우리는 새로운 가능성을 마음속에 그려볼 수 있고 이는 꿈을 현실로 만드는 과정에서 꼭 필요합니다. 10년 뒤, 20년 뒤 나의 하루를 상상해보고 미리 일기를 써보세요. 이 일기는 자신에게 하는 약속입니다.

2043년 O월 O일

엄마의
내면아이
연습장

나의 내면아이

당신과 내가 함께 한 여정은 여기까지입니다. 하지만 이것이 여정의 끝이 아니기를 바랍니다. 이 책은 여기서 끝나지만, 당신의 내면아이를 만나고 돌보는 과정은 앞으로도 계속되어야 합니다.

지금까지 우리는 우리 안의 내면아이를 만났습니다. 다음의 표를 참조해서 한눈에 볼 수 있도록 나의 내면아이에 대해 정리해보세요. 당신은 이후로도 내면아이의 새로운 면을 볼 수도 있습니다. 그때마다 차분하고 평화롭게 내면아이와 함께하시기를 바랍니다. 만나서 내면아이의 이야기에 귀 기울여보세요. 내면아이가 원하는 것이 무엇인지 들어보세요. 지금 내면아이에게 해줄 수 있는 것이 무엇일지를 깊이 고민해보세요. 내면아이를 성장시키는 일이 바로 여러분 자신이 성장하는 길이라는 것을 기억하세요.

나의 내면아이	
나의 초감정	
나의 애착 유형	
고착된 발달단계	
나의 인생의 덫	
핵심 신념	
핵심 감정	

이 세상 모든 엄마들의 성장과 치유를 응원하며

반쯤 열린 창틈으로 햇살이 비집고 들어오던 어느 오후였다. 오랫동안 씨름했던 원고를 마무리하고 홀가분한 마음으로 친정 엄마를 찾았다. 함께 커피를 마시며 어린 시절 이야기를 나누던 중이었다. 엄마는 나를 찬찬히 보다가 무심코 한마디 했다.

"내가 너한테 참 미안한 게 있어."

"응? 뭐가 미안한데?"

한참을 뜸을 들인 후 엄마의 입에서 나온 말은 뜻밖에도 '계란 후라이'였다. 엄마는 어린 시절 오빠와 남동생 도시락에는 계란 후라이를 넣고 내 도시락에 넣지 않았다. 눈치 빠른 내가 행여 알아차릴까 봐 도시락 맨 아래에 계란 후라이를 깔고 밥을 담았다고 한다. 수십 년의 세월이 지났지만 그게 아직도 마음에 걸린다고 한다. 나는 이미 알고 있었다. 애써 아는 척하지 않았을 뿐이다. 그래서일까? 지금도 양은 도시락을 보면 오래 묵은 서러움이 스멀스멀 데워진다. 나는 남아 선호 사상이 유독 강한 지역에서 태어나고 자랐다. 설상가상으로 오빠와 남동생 사이에서 두세 살 터울로 태어났다. '있어도 그만, 없어도 그만'이라는 말을 참 많이 듣고 자랐다. 앞서 본문에서도 나온 사례이지만, '다리 밑에서 주워 온 아이'라는 말을 나 역시 귀에 딱지가 지도록 들었다. 그래서 더 지독하게 살아야 했다. 뭐든 달려들어서 최선을 다해야 했다. 그래야 인정받을 수 있으니까. 그저 숨만 쉬는 나는 아무짝에도 쓸모없는 '꿔다 놓은 보릿자루'에 불과하다고 믿었다. 그때의 불안이 지금의 나를 만들었다. 나는 가끔 생각해본다. 만약 존재 그 자체로도 충분히 괜찮다는 말을 들었다면 어땠을까? 삶이 조금 덜 치열했을까?

《엄마가 되고 내면아이를 만났다》는 나의 세 번째 책이다. 뭐든 하면 할수록 자연스러워지고 쉬워진다. 책을 쓰는 것도 마찬가지라고 생각했다. 사실 세 번째라서 좀 더 쉽게 쓸 줄 알았다. 그런데 어쩐 일인지 쓰면 쓸수록 힘들었다. 이 책은 마치 발이 푹푹 빠지는 갯벌 같았다. 고작 한 줄을 쓰고도 한참을 머물러 마음을 다스려야 할 때도 있었다. 때로는 컴퓨터 화면 위의 글씨들이 일제히 고개를 치켜들고 나를 노려보듯 달려들었다. 그렇게 한 발 한 발 힘겹게 옮기면서 마무리한 책이다.

페이지마다 들어앉은 빼곡한 글자들 틈에서, 쉼표와 마침표 사이에서 나는 나의 내면아이를 만났다. 그렇다. 내 안에도 상처받은 내면아이가 있었다. 양육에서 길을 잃고 방황하는 엄마들을 위해서 호기롭게 시작한 일이 결국 나 자신을 만나고 치유하는 과정이었음을 고백한다. 나의 내면아이는 이 책을 쓰는 동안 불쑥불쑥 나타나 내 어깨를 잡고 흔들어댔다. 돌이켜보면 부모교육을 하다가도 간혹 울컥하거나 눈물이 고일 때가 있었다. 그때는 그저 '마음이 여려서' 또는 '갱년기라서'라는 말로 울컥함과 눈물의 의미를 애써 부인했었다. 하지만 그 순간 왜 엄마들의 말이 나의 마음을 할퀴고 지나갔는지를 이제는 알 것 같다. 사실 나의 여정은 여전히 현재진행형이다. 이제 나의 두 딸은 성장해서 어엿한 성인이 되었지만, 나의 내면 어두운 곳에는 아직도 자라지 못한 내면아이가 웅크리고 있다. 가끔 생각해본다. 내 딸들이 어렸을 때 좀 더 일찍 나의 내면아이를 만나고 달래주었다면 어땠을까? 양육의 과정이 좀 더 즐겁고 유쾌하지 않았을까? 적어도 당장이라도 돌아가 삭제 버튼을 누르고 싶은 과거의 순간들은 줄어들었으리라.

너희는 활이요, 그 활에서 너희의 아이들은
살아 있는 화살처럼 날아간다.

20세기 신비주의 시인으로 유명한 칼릴 지브란의 《예언자》 중 '아이들에 대하여' 편에 나오는 문구다. 활을 쏘는 궁사는 과녁에 집중하기보다는 자기 자신에게 온전히 집중해야 한다. 활을 잡고 있는 손이 떨리거나 마음이 흐트러지면 안 된다. 그래서일까? 혹자는 엄마는 어떤 일이 있어도 흔들리지 않아야 한다고 말한다. 그런데 흔들리지 않고 피는 꽃이 어디 있으랴. 우리는 누구나 흔들린다. 오히려 흔들리지 않으려고 꼿꼿하게 자세를 세우려다 정작 중요한 것을 놓치기가 십상이다. 흔들려도 괜찮다. 흔들리는 자신을 탓하거나 비난하지 말자. 내가 흔들린다면 무엇인가가 나를 흔드는 중이라는 뜻이다. 이리저리 흔들리는 자신을 손가락질하기에 앞서 무엇이 나를 흔드는지를 살펴보자. 엄마는 흔들리지 않아야 하는 게 아니라 흔들리는 자신을 토닥여서 중심을 잡으려고 애쓰면 된다.

'아프니까 청춘이다'라는 말이 있다. 이 말에 큰딸이 흥분했던 기억이 난다. "대체 왜 청춘들은 다 아파야 하는 거야? 아프지 않고도 충분히 성장할 수 있는 거잖아!" 그래, 맞다. '아프니까 엄마다'라고 말하려다가 그 말을 꿀꺽 삼킨다. 엄마라고 아플 필요는 없다. 아프지 않고도 성숙해질 수 있다. 아니, 아프지 않고 성숙할 수 있다면 그 길을 택하는 것이 바람직하다. 이 시대를 살아가는 엄마들이 조금이라도 덜 아팠으면 한다.

엄마 마음속 상처 입은 어린아이를 마주하는 심리 치유 가이드

엄마가 되고 내면아이를 만났다

초판 1쇄 발행 2023년 6월 27일

지은이 안정희
펴낸이 민혜영
펴낸곳 (주)카시오페아 출판사
주소 서울시 마포구 월드컵북로 402 906호(상암동 KGIT센터)
전화 02-303-5580 | **팩스** 02-2179-8768
홈페이지 www.cassiopeiabook.com | **전자우편** editor@cassiopeiabook.com
출판등록 2012년 12월 27일 제2014-000277호
편집1 최희윤, 윤나라 | **편집2** 최형욱, 양다은, 최설란
마케팅 신혜진, 이애주, 이서우, 조효진 | **경영관리** 장은옥

©안정희, 2023
ISBN 979-11-6827-125-8 (03590)

• 잘못된 책은 구입하신 곳에서 바꿔드립니다.
• 책값은 뒤표지에 있습니다.